뚱뚱한 미생물 날씬한 미생물의 비밀

마이크로바이옴 시대

뚱뚱한 미생물 날씬한 미생물의 비밀

마이크로바이옴 시대

김동현 · 서정희 지음

개미

필자가 박사 후 연구원 해외 연수를 나가야겠다고 결심한 이후 여러 분야의 연구실을 검색하며 리스트를 추리고 있던 2012년 어느 날 아는 분이 속한 연구실에서 외국 공동 연구자가 방문하여 세미나를 한다는 소식에 '뭐 하는 분이시지?' 정도의 호기심으로 참석했다가 처음 접하게 된 분야가 마이크로바이옴이었다. 박사학위는 면역학에 가까운 일을 했지만 학부 전공이 미생물학이었던 나는 마이크로바이옴의 신기한 역할들에 대한 이야기에 자연스레 호기심이 생겼다.

이후 운 좋게 그 세미나에 발표자였던 천사(Gabriel) 교수님 랩으로 연수를 가게 되면서 마이크로바이옴에 대한 극히 일부의 역할이지만 그 역할에 대한 연구를 수행할 수 있었고, 덕분에 한국에 돌아와 내 실험실을 운용하게 된 지금도 인체 기능에 대한 마이크로바이옴의 역할을 하나라도 규명해볼 요량으로 생쥐들을 대상으로 몇 가지 프로젝트를 진행하고 있다. 관련된 공부를 주로 하다 보니 박사학위 과정 때 실험실 지하 동물실에서 실험용 생쥐에게 알레르기를 일으키면 증상이 심하게 잘 일어나던 것이 왜 조금 떨어진 건물에 있던 동물실 생쥐에서는 왜 잘 안 일어날까에 대해 고민하던 것도 결국 마이크로바이옴의 차이 때문이었으리라는 깨달음을 얻었고, 이제는 실험용 생쥐에 장염을 일으키기 위해 가톨릭대학교 의과대학 동물실에서 먹이는 약품의 농도보다 서울대학교 의과대학 동물실에서 사용해야 하는 약품의 농도가 높아야 하는 사실에 대해서도 마이크로바이옴의 차이 때문이라 추정하며 자연스레 실험 조건들을 셋팅하고 있다.

필자가 미국에서 연구를 진행하던 2013년에서 2016년 사이가 미국에서 마이크로바이옴에 대한 연구에 있어 획기적인 발견으로 새로운 분야가 열리거나 연구의 정점을 찍던 시기는 아니었지만 마이크로바이옴 효과에 대한 여러 작용 기전들이 밝혀지면서 좀 더 과학적인 접근들이 이루어지고 있던 때였고 백신의 효과 등 기존에 알려지지 않았던 생리현상이나 질환의 발병에 있어 마이크로바이옴이 관여한다는 전방위적인 역할이 알려지면서 그 관심은 계속되고 있었다. 게다가 당시 다국적 제약회사가 마이크로바이옴 관련 스타트업에 엄청난 금액을 투자한다는 소식이 들리면서 이제 마이크로바이옴의 시대가 학계에 머물지 않고 머지않아 일반에도 와닿는 무언가가 곧 등장할 것이라는 것을 느낄 수 있었다.

한국에 돌아온 2016년 무렵 우리나라도 마이크로바이옴에 대한 관심이 일어나면서 과학기술정통부에서 관련 탑—다운식 연구과제들이 나오면서 세계적인 연구 흐름에 맞춰가고자 하는 노력들이 진행되기 시작했고, 마침 국내 특정한 유용 미생물들을 확보하고 있던 그룹이나 미생물 분석에 경쟁력이 있던 그룹에서는 바이오벤처 투자 붐을 등에 업고 마이크로바이옴을 산업화하기 위한 노력이 이어졌다. 우리나라에서는 학계에서조차 마이크로바이옴에 대해서 본격적으로 관심을 가졌다고 할 수 있는 기간이 정말 얼마 안 되지만, 지금은 일반 대중에게도 마이크로바이옴이라는 단어가 낯설지 않을 정도로 관련 내용이 폭발적인 속도로 대중화되고 있고 실제 마이크로바이옴 기반의 새로운 산업의 등장을 코앞에 둔 상황으로 보여진다.

본격적인 마이크로바이옴 시대가 열리기에 앞서 주요 언론에서도 마이크로바이옴을 다루기 시작했고 가까운 미래 정치 · 사회 · 문화 · 산업 전반에 주요 이슈를 한발 앞서 다루는 매일경제 TV 포럼에서도 마이크로바이옴 관련 산업의 중요성을 간파하고

시청자들에게 쉽지만 깊이 있게 마이크로바이옴을 소개하고 우리 미래 먹거리 산업으로써의 가능성을 제시하고자 하였다. 덕분에 필자는 연구 조사를 통해 기존 연구를 정리하고 국내 · 외 산업계의 동향이나 앞으로 필요한 제언 등을 정리해볼 기회를 얻게 되었고, 해당 연구 조사 내용은 2019년 6월 매일경제TV 개국 기념 포럼 '건강혁명프로젝트 마이크로바이옴이 온다' 라는 타이틀로 방송된 바 있다.

이 책은 해당 연구 발표의 내용을 조금 더 가다듬어 자세히 기술하고 방송 시간의 한계로 인해 넣지 못했던 일부 내용을 추가하여 완성하였다. 필자가 대중을 대상으로 한 글 쓰기에 익숙지 않아 의도대로 되었는지는 모르겠으나 처음 마이크로바이옴이라는 용어를 접한 일반인들도 이해할 수 있도록 최대한 쉽고 흥미로운 사례 위주로 구성하였다.

개인적인 의견이지만 우리나라에서는 이미 요구르트라는 제품이 대중화되어 관련 산업의 한 부분인 프로바이오틱스라는 용어에 우리 모두가 이미 익숙해져 있고, 전통적으로 우리나라 고유의 발효식품이 발달되어 있고 발효식품이 몸에 좋다는 인식이 일반화되어 있기 때문에 우리나라 사람들은 마이크로바이옴 관련 새로운 산업을 매우 자연스럽게 받아들일 준비가 되어 있다고 생각된다. 바라건대 본 책의 내용이 다가올 마이크로바이옴 시대에 관련된 내용을 더 쉽고 깊이 있게 이해하고 받아들이는데 있어 하나의 기반을 제공하는 입문서가 되기를 기대해본다.

2019년 10월

김동현 · 서정희

개똥도 약에 쓰려면 없다

'개똥도 약에 쓰려면 없다.' 누구나 잘 아는 속담 한 구절이다. 사전을 찾아보면 '평소에 흔하던 것도 막상 긴하게 쓰려고 구하면 없다는 말'로 정의되어 있다.[1] 여기서 잠시 조금 삐딱한 시선으로 다시 속담을 되새김질을 해보자. 해당 속담은 개똥을 흔하고 하찮은 것으로 여기는 사람들의 일반적인 생각을 기반으로 만들어졌을 것이다. 여기까지는 쉽게 납득이 된다. 그런데 왜 '개똥도 음식에 쓰려면 없다'던가 '개똥도 연료에 쓰려면 없다'라고 하지 않고 왜 하필 약일까? 혹시 정말 개똥을 약에 쓰기도 했기

1)네이버 국어사전(https://ko.dict.naver.com)

때문은 아닐까? 이러한 엉뚱한 질문의 답은 '그렇다'이다. 실제 우리가 잘 아는 한의서인 동의보감(東醫寶鑑)을 보면 정말 개똥의 효능과 사용방식이 기술되어 있다.

白狗屎 - 主丁瘡瘻瘡及諸毒《本草》

今治心腹積聚及落傷瘀血不下燒存性和酒服神效《俗方》

지금의 말로 풀어 보면 '흰개의 똥은 정창과 누창 같은 피부와 피하 조직의 질병이나 온갖 독에 주로 쓴다《본초》. 요즘은 명치에 종양과 같이 뭉친 것이나 추락하여 멍이 든 것을 치료하는데, 약성이 남도록 태워서 술에 타서 복용하면 효과가 매우 좋다《속방》.' 정도로 적을 수 있다. 다시 말해 개똥도 약에 쓰려면 없다는 속담이 괜히 약에 사용한다고 비유를 든 것이 아니라 실제 우리 선조들은 개똥을 약에 사용했기 때문에 자연스레 만들어진 속담일 수 있다는 이야기이다. 그렇다면 우리 선조의 한의학적인 비방의 집약체인 동의보감에도 기록되어 있는 개똥의 효능이 정말일까? 이 책에서는 이를 직접적으로 검증하지는 않을 것이다. 대신 지금부터 근자에 학계에서 수행된 장내미생물(마이크로바이옴)에 대한 흥미로운 연구 결과들을 소개할 것이다. 이를 통해 여러분은 우리 선조들이 똥을 약으로 사용한 것이 괜한 근거 없는 미신은 아닐 수도 있음을 공감하게 될 것이다.

이후에는 세계적으로 주목받고 있는 마이크로바이옴 관련 산업의 현황을 소개할 것이다. 특히 마이크로바이옴 기반 치료제 시장의 국내 · 외 개발 현황을 살펴봄으로써 우리의 현 위치를 가늠해보고자 한다. 또한 왜 우리가 지금 마이크로바이옴에 관심을 가져야 하는가에 대해 미래의 먹거리 차원에서 화두를 던지고 우리의 가능성에 대해서 생각해볼 것이다. 마지막으로는 연구 · 개발 및 제도 관련 몇 가지 제언을 통해 새로운 블루오션이 될 마이크로바이옴 관련 산업에서 우리나라가 선도할 수 있는 방법을 모색해 보겠다. 개똥도 약이 되는 세상이 정말 올지 모르니 말이다.

contents

서문 · 004
시작하며 · 009

1장
마이크로바이옴이 뭐길래?
마이크로바이옴과 마이크로바이오타 · 016
좋은 놈, 나쁜 놈, 이상한 놈? · 022
숫자로 보는 마이크로바이옴 · 028
우리가 먹는 음식의 가성비를 높이는 마이크로바이옴 · 033
마이크로바이옴과 감염 그리고 면역 · 038
누구는 왜 살이 쉽게 찌고 누구는 왜 살이 잘 찌지 않을까? · 044
항생제 과용의 부작용과 대변이식 · 051
똥으로 자폐를? 그 기전은 장-뇌 축 · 056
면역항암제의 효과까지 · 061

2장
세계가 주목하는 신성장 동력
우리 생활에 친숙한 기능성 제품 · 068
만병통치약이 될 수 있을까요? · 073

머잖아 건강검진에 도입될 수도 있는 분석 · 진단 서비스 · 076
유명한 세계적인 R&D 사례 · 081
글로벌 스타트업의 출현과 제약사와의 합종연횡 · 085
마이크로바이옴 치료제의 스펙트럼 · 089
마이크로바이옴 치료제 어디까지 왔나? · 092

3장
왜 우리가 주목해야 하는가?

신토불이 마이크로바이옴 · 098
개인 맞춤형 마이크로바이옴 · 101
돈은 될까? 우리의 가능성은? · 104

4장
무엇을 준비해야 하는가?

부족한 우리의 현실 · 112
해외에서 들려온 암울한 소식 · 115
그렇다고 주저앉아 있을 수는 없다 · 118

마치며 · 125

1장

마이크로바이옴이 뭐길래?

마이크로바이옴과 마이크로바이오타

'다음 그림에 보이는 사람은 무엇으로 구성되어 있는가?'

여러분은 무어라 대답하겠는가? 머리, 팔, 다리, 몸통 혹은 아이들이 부르는 노래처럼 머리, 어깨, 무릎, 다리, 발 이렇게 눈에 보이는 부분들을 나열할 지도 모르겠다. 어쩌면 조금은 고차원적인 답으로 뇌, 안구, 혈액, 신경, 근육, 피부 등의 기관(organ) 단위로 대답할 수도 있다. 혹자는 '세포(cell)!'라는 생명체를 이루

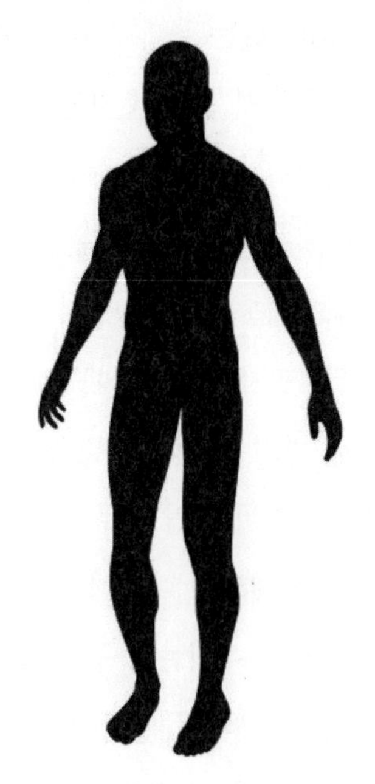

〈사람, 인간, 호모 사피엔스, 그리고?〉

는 작은 단위를 외칠 지도…… 어쩌면 더 근본적인 유기물, 탄소와 수소, 산소 등등의 점점 더 미세한 세계로 빠질지도 모르겠다. 필자가 예상치 못한 더 다양한 답들이 더 나오기 전에 본래의 질문에서 한 단어를 구체화시켜 다시 물어보자.

'그림에 보이는 사람은 어떤 생물체들(organisms)로 구성되어 있는가?'

이제 이 책을 손에 든 독자라면 이미 알법한 선문답을 하는데 살짝 언짢은 기분이 들지도 모르겠다. 그래도 이왕 시작했으니 설명을 해보자면, 그림에 보이는 사람은 여러분들과 같이 호모

사피엔스(Homo sapiens)이라는 종에 속한 한 개체임에 틀림이 없다. 하지만 그것은 맨눈으로 분간이 가능한 개체로 한정했을 때의 대답일 뿐이다. 실상은 세균(bacteria), 바이러스(virus), 진균(fungi), 원생동물(protozoa) 등 육안으로는 보이지 않는 수많은 종류의 미생물들(microorganisms; microbes)이 우리의 몸 구석구석에 존재한다. 따라서 굳이 필자가 제안하는 모범 답안을 이야기해보자면 해당 그림은 한 명의 사람과 수많은 미생물들로 구성되어 있는 것이다. 이러한 상황이 하필 너무 더럽거나 평소에 잘 씻지 않는 등의 특별한 상황 때문이 아니다. 자연분만으로 태어나든 제왕절개를 통해 태어나든 우리는 누구나 세상 밖으로 나오는 그 순간부터 죽음에 이르러 백골이 진토(塵土)가 될 때까지 미생물들과 늘 함께 공존하고 있다. 대개의 경우 우리가 미생물이 없는 무균 상태에서 머문 시기는 어머니의 태반 안에서 세상 밖으로 나오기 전까지가 유일하다.[2] 진화의 관점에서 생각해 보면 이는 매우 자연스러운 상황이다. 미생물은 45억 년의 지구 역사상 4분의 3의 기간에 걸쳐 존재해 왔으며 양적으로도 가장 많은 생물체이다. 비록 인간은 그들과 같은 조상 생명체로부터 진화된 존재이긴 하지만 지구 역사의 맨 마지막 0.004%의 시간에서야 등장한 미생물들의 입장에서는 듣보잡(듣지도 보지도 못한 잡놈) 생물

2)de Goffau MC *et al.*, Nature, 2019;572:329-334

체에 불과할지도 모른다. 이러한 인간이 이 지구상에서 지배적인 양을 차지하고 있는 미생물들과 적당한 관계를 맺지 않고 진화한다는 것은 불가능한 일이었을 것이고, 그 타협의 방식 중 하나가 미생물에게 삶의 터전을 제공하고 그들과 공생하는 방법을 터득하는 쪽으로 진화되었다는 것이 타당한 설명일 것이다. 뒤집어서 생각해 보면 우리가 상상하기 어려울 정도로 다양한 환경에서 생존하고 있는 미생물들의 입장에서는 인체의 각 부위는 단지 그들이 살아가는 수많은 삶의 터전 중 하나일 뿐 그다지 특별할 것 없는 상황인 것이다.

다시 원래 질문으로 돌아가기 앞서 잠시 풍광이 좋은 먼 산을 상상해 보자. 그 산속을 좀 더 가까이서 들여다 보면 숲속에 아름드리 나무들과 수풀로 우거진 곳에 이름도 모르는 잡초와 꽃이 자라고 있고 그 사이에 꼬물대며 기어가거나 훨훨 날아다니는 벌레들 그리고 풀을 뜯어 먹는 초식 동물들과 그들을 잡아먹는 육식 동물들이 나름의 영역을 차지하며 살아가고 있을 것이다. 상상력을 조금만 발휘해서 앞서 본 한 사람을 확대해서 바라본다면 우리의 인체의 표면도 이와 같은 숲속의 상황과 비슷하다고도 생각할 수 있다. 우리의 몸에는 피부와 호흡기 그리고 위·장관과 같은 다양한 환경으로 구성된 숲이 존재한다고 볼 수 있고, 여기에는 육안으로는 보이지 않을 정도로 작지만 세균, 바이러스, 진균, 원생생물 등으로 구성된 수많은 종류의 미생물들이 해당 환경에 맞춰 서로 얽혀 살아가는 것이 숲속의 상황과 비슷할 것이다. 좀 더 있어 보이는 말로 표현해 보면 우리 개개인은 인체와 미생물들로 구성된 하나의 생태계(ecosystem)로 바라볼 수 있다. 따라서 우리 몸에 거주하는 미생물들은 생태학적인 관점에서 재해석될 여지가 있는데, 이는 미생물들과 인체가 서로 영향을 주고받는 상황을 설명하기에 어색함이 없다.

조금 억지스러운 감은 있지만 지금까지 여러분들과 늘 함께하고 있지만 평상시 간과하고 있는 미생물들의 존재를 산과 숲이라는 비유를 통해 환기시켜 보았다. 지금부터는 인체에 대한 미생물들의 놀라운 역할을 소개하기에 앞서 관련한 몇 가지 개념이나 용어들을 소개하고자 한다. 학자들은 앞서의 비유에서 숲을 이루는 곤충을 비롯한 여러 동 · 식물에 해당하는 인체 내 미생물들의 집합을 미생물들(microbes)의 군집체(flora=biota)란 의미로 '마이크로바이오타(microbiota)'라고 부른다. 또한 이들 가지고 있는 유전자 정보를 총칭하여 '마이크로바이옴(microbiome)'이라고 하는데 이는 마이크로바이오타(microbiota)와 유전체(genome)를 뜻하는 단어가 합쳐져 만들어진 표현이다. 최근 들어서는 인체 뿐만 아니라 식물이나 다른 동물에서의 미생물군집도 그 다양한 역할이 관심을 받게 되면서, 특정한 환경에 존재하는 미생물들을 총칭하는 의미로 '마이크로바이옴'이라는 표현을 미생물들(microbes)과 생명체의 커뮤니티(biome)의 합성어로 재정의하여 사용하기도 한다. 특히 일반 대중 서적이나 매스컴에서는 마이크로바이오타와 마이크로바이옴을 구분해서 사용하기 보다는 마이크로바이옴이라는 용어로 통일해서 사용하는 경향이 있다. 이를 한국어로는 미생물총(微生物總) 혹은 미생물군집(微生物群集)으로 번역하기도 하는데 이 책에서는 마이크로바이옴이라는 표현을 주로 사용하도록 하겠다.

좋은 놈, 나쁜 놈, 이상한 놈?

여기서 잠깐 집고 넘어갈 것이 있다. 여러분은 '미생물' 하면 어떤 이미지를 떠올리는가? 좋은 놈, 나쁜 놈, 이상한 놈? 답변하기 애매하다면 세균에 대한 이미지를 묻는다면 어떤가? 우리 아이들과 만화영화를 같이 보다 보면 주인공을 괴롭히는 악당으로 세균을 그리는 경우가 많다. 해당 악당의 이름도 세균맨, 세균킹 등으로 아주 노골적으로 세균은 나쁜 것임을 전제하고 있다. 꼭 아이들을 대상으로 한 상황만 그런 것은 아니다. 여러분들은 손세정제, 세제, 주방용품, 속옷에 이르기까지 각종 항균(抗菌) 기능을 강조한 제품들을 사용하고 있을 것이다. 항균이라는 말은 '미생물들 중에서도 세균의 증식을 억제하는 것'을 말하는데, 항균 기능이 제품에 꼭 필요하기 때문에 중요한 요소로 강조하는 경우도 있지만 일반 소비자들의 세균은 없거나 제거하면 좋다는 인식을 활용하기 위해 항균 능력을 제품 마케팅 포인트로 삼는 경우도 허다하다. 이러한 미생물에 대한 대중의 인식에는 학자들도 한몫을 해왔다. 역사적으로 보면 1600년대 후반 네덜란드의 기술자였던 안토니 반 루벤후크(Anthony van Leeuwenhoek)가 직접 제작한 현미경으로 처음 미생물의 존재를 관찰하여 보고한 이래로 19세기 중반까지는 미생물은 작은 미지의 생명체일 뿐이었다. 미생물에 대한 안 좋은 이미지는 프랑스의 화학자 루이 파스퇴르(Louis Pasteur)의 연구 결과가 나오면서부터 생겨난 것으로 보이는데, 당시 사람들은 썩어가는 물질에서 나온 나쁜 공기가 감염성 질병을 일으킨다고 생각했지만 그가 1861년 출판한 《자연발생설 비판》이라는 책을 통해 음식이 상하는 것이 미생물의 증식 때문이라는 것이 과학적으로 증명되면서 미생물이 감염병의 원인일 수 있다는 사실이 제기되었다. 더불어, 동시대에 활동한 독일의 내과 의사 로베르트 코흐(Robert Koch)는 동물 시체에서 발견된 탄저균(Bacillus anthracis)을 쥐에게 주입하게 되면 같은 증상으로 쥐가 죽는 다는 것을 확인함으로써 세균이 탄저병을 일으키는 원인이라는 것을 밝혔고, 이후 여러 학자들이 여러 가지 감염성 질환들의 원인이 특정 미생물임을 속속 밝히면서 미생물은 전염병을 옮기는 원흉으로 부각되었다. 덕분에 병원성미생물에 초점을 맞춘 의학미생물학이라 불리는 분야가 발전하기 시작하였고, 살바르산(Salvarsan)과 페니실린의 개발을 필두로 다양한 미생물에 대항할 항균제가 개발되어 수많은 사람의 생명을 구하게 되면서, 미생물들은 제거해야 할 대상으로 대중들에게 자연스레 각인되어 온 것이다. 이쯤에서 미생물에 대한 오해에 대한 사실 관계를 집어보자. 앞서 언급한 바와 마찬가지로 우리는 태어나면서 늘 미생물과 함께 공존하고 있지만, 감염병으로 항시 고생하지는 않는다. 실제 건강한 우리 몸에 존재하는 것으로 규명된 수천 종의 세균들은 대부분 무해하다. 그에 반해 인간에게 질병을 일으키는 것으로 알려진 세균의 종류는 100가지가 채 되지 않는다.[3] 따라서 감염성 질병을 일으키는 병원성미생물(pathogen)과 비병원성미생물(non-pathogen)은 구분해서 판단해야 할 필요가 있다. 그나마 영어권에서는 감염과 질환을 일으키는 병원성미생물은 보통 미생물(microbe; microorganism)이나 박테리

3)McFall-Ngai M, Nature 445, 153

〈루벤후크, 파스퇴르, 코흐, 이미지 출처: Wikipedia〉

아(bacteria)라는 단어 보다는 점(germ)이라는 표현으로 구분하여 사용하는 경향이 있지만, 우리는 세균이라는 단어를 병원성과 비병원성에 대한 구분 없이 사용하다 보니 마치 모든 세균이 격리하고 제거되어야 할 것으로 오해하기 쉬운 상황인 것이다. 상황이 이렇다 보니 애써 강조하건대 여러분이 미생물이나 세균에 대해 판단할 때 과도한 부정적인 편견은 접어두고 병원성과 비병원성을 반드시 구분해서 생각해야 한다는 것을 기억하시기를 바란다.

다시 마이크로바이옴 이야기로 돌아가보면, 인체와 그곳을 삶의 터전으로 삶고 있는 미생물들의 관계를 놓고 미생물의 성격을 규정해 봤을 때 공생미생물(commensal)과 병원성미생물(pathogen)로 구분 지어 생각해볼 수 있다.[4] 병원성미생물은 말 그대로 몸

4)Hornef M, ILAR J. 2015;56:159-62. 영문 표현인 commensal의 경우 편리공생자라는 용어로 사용되는 경우가 있어 조심해서 사용할 필요가 있으나, 한글 표현인 공생미생물은 크게 틀리지 않는다.

에 침투했을 때 면역 반응이 적절하게 대응하지 못하면 질병을 일으키는, 흔히 말해 나쁜 미생물들을 지칭한다. 반대로 건강한 사람의 경우는 이런 병원성미생물과 마주치게 되더라도 인체 내 면역 시스템이 작동하여 이들이 몸 안으로 침투하는 것 자체를 막아내거나 침입한 녀석들을 효과적으로 제거하게 되므로 평상시 그들의 몸 안에서는 병원성미생물이 발견 되기는 쉽지 않다. 다시 말해 병원성미생물이 우리 인체의 상시 거주자는 아니라는 말이다. 그에 반해 공생미생물은 인체의 건강 상태와는 관계 없이 늘 인체에 거주하고 있는 미생물들을 말한다. 통상 감염성 질환이 있지 않는 사람의 미생물군집을 지칭할 때 마이크로바이옴이라는 표현을 사용하는 경우가 많은데 이는 엄밀히 말해 공생미생물을 의미하는 경우가 많다. 그렇다면 우리의 몸에 늘 함께하는 공생미생물들은 비병원성미생물인걸까? 답을 하자면 '아니올시다'에 가깝다. 정확히는 나쁜 놈도 있고, 좋은 놈도 있고, 딱히 좋지도 나쁘지도 않은 놈도 있다. 그중 인체에 유익한 영향을 미치는 좋은 공생미생물들을 우리는 유익균(symbiont)이라 구분해 부른다. 말 그대로 이들은 있으면 인체에 유익한 영향을 주는, 건강에 도움이 되는 녀석들이다. 그에 반해 평소에는 특별한 역할을 하지 않다가 면역력이 떨어지는 등의 특정한 상황에 놓였을 때 비로소 인체에 나쁜 영향을 미치는 공생미생물도 있는데, 이들은 유해균(pathobiont)이라고 불리며 앞서 언급한 병원성미생물과는 엄격히 다른 부류이다. 여기서 조심해서 생각해야 할 것은 일반적으로 유익균으로 알려졌지만 특정 상황에서는 유해균으로 작용하는 녀석들도 있고, 그 반대인 녀석들도 있다. 게다가 유익균과 유해균으로 구분 지었을 때 소속이 불분명한 녀석들도 있다는 사실도 잊지 말자.

숫자로 보는 마이크로바이옴

앞에서는 마이크로바이옴에 대한 기본 개념과 분류에 대해서 소개하였다. 하지만 눈에 보이지 않아 평소에는 크게 의식하지 못하는 녀석들이다 보니 미생물의 세계를 머릿속에서 제대로 가늠하기는 어려울 듯싶다. 지금부터 몇 가지 숫자를 통해 마이크로바이옴에 대한 여러분들의 이해를 좀 더 높여 보도록 하겠다.

1 vs. 30조 vs. 39조

무엇을 의미하는 숫자일까? 정답은 건강한 성인 한 명을 구성하는 세포의 숫자가 약 30조 개인데, 성인 한 명의 몸에 존재하는 미생물의 숫자가 약 39조 개라는 것을 의미한다. 혹자는 인체의 세포의 수가 10조 개이고 미생물의 수가 100조 개이기 때문에 사람은 10%만이 인간이라고 표현하기도 했지만, 근자에 발표된 한 논문에서는 기존에 추정한 숫자의 근거가 부족했고 나름의 근거를 기반으로 재계산을 해보니 성인 한 명을 구성하는 세포의 수와 미생물의 수가 각각 약 30조와 39조라고 추산했다.[5] 한 사람이 갖고 있는 세포와 미생물의 수적인 차이가 10배에서 1.3배의 차이로 줄어들기는 했지만 여전히 새로 계산된 숫자에서도 우리 몸을 구성하는 세포보다 더 많은 수의 미생물에게 거주지를 제공하고 있는 셈이니 이 몸뚱이가 나를 위한 것인지 미생물을 위한 것인지 주와 객이 누구인지 헷갈리는 상황이다. 확실한 건 우리에게 더부살이 중인 미생물이 막연히 많겠지 정도로만 생각하신 분들께는 생각보다는 어마어마한 숫자가 내 몸에 거주한다는 사실을 분명히 깨달을 수 있을 것이다.

---

5)Sender R et al., Cell, 2016;164:337-40

1 vs. 1000

이것도 비슷한 맥락 하에 제시된 숫자 비교이다. 한 명의 인간은 호모사피엔스라는 하나의 종이지만 그 한 사람의 몸에 거주하고 있는 미생물의 종이 1000종이 넘는다는 것이다. 이러한 우리 몸에 존재하는 다양한 종류의 미생물의 존재는 앞서 언급한 생태계의 개념과 같은 맥락 하에 있다고 하겠다. 이러한 숫자들은 우리 모두의 곁에는 1000종이 넘는 미생물 39조 마리가 늘 바글대고 살아가고 있다는 것을 의미하는 것이니 최소한 생물학적으로는 인간은 고독한 존재라고 너무 외로워할 필요는 없을 듯도 싶다. 물론 그들과 대화로 소통하는 것은 불가하니 직접적인 위로를 받을 수 없으니 말장난 같은 이야기라 생각될 것이다. 하지만 뒤에서 소개하겠지만 우리도 모르는 사이에 그들이 우리의 정신세계에 지대한 영향을 미칠 수 있다는 증거들을 알게 된다면 이러한 이야기가 영 엉뚱한 소리만은 아니라는 것을 느끼게 될 것이다.

2만 vs. 1000만

이것도 앞서 와 같은 맥락에서 마이크로바이옴이 무시될 수 없을 양적인 우위에 있다는 보여주는 한가지 숫자이다. 인간이 가진 30억 개의 염기서열을 해독한 결과 사람의 유전자는 2만에서 2만5000개 정도를 가지고 있는 것으로 알려졌다. 그에 반해 인체 마이크로바이옴이 갖는 유전자는 988만 개 가량이 존재하는 것으로 보고되었으니, 내 자신보다 외부 거주자가 대략 500배 정도 많은 유전 정보를 가지고 있는 셈이다.[6] 이것이 의미하는 바를 생각해보자면, 이처럼 엄청난 양의 유전적인 정보를 가지고 있으니 그로부터 엄청난 종류와 수의 단백질이 발현될 테고 그런 단백질들이 각자 다양한 기능을 할 텐데 우리 몸에 거주하고 있는 마이크로바이옴이 인체에 영향을 주지 않기도 어려울 것 같다.

70 vs 2

이번에는 꽤 재미있는 숫자 비교이다. 정답은 몸무게 70kg짜리 성인이 가지고 있는 미생물의 무게가 약 1~2kg이나 된다는 것이다. 미생물 개개의 개체는 눈에 보이지 않을 정도로 작아 간과할 수 있는 존재이지만 우리의 인체에 필수적인 장기인 뇌나

6)Li J et al., Nat Biotech, 2014;32:834-41

간의 무게와 비슷한 것이니 꽤 무게감 나가는 존재라는 것을 알 수 있다. 덧붙여 여러분들께서 화장실에서 큰일(?)을 보시게 된다면 대변의 건조중량의 50% 이상이 미생물일 것이라는 사실도 상기시켜 드린다. 너무 지저분한 알쓸신잡(알아 두면 쓸데없는 신비한 잡학사전)이려나?

자 이 정도면 마이크로바이옴이란 것이 눈에 보이지 않을 정도로 작지만 만만하게 볼 녀석들이 아니라는 정도는 감을 잡으셨으리라 생각된다. 이제부터는 이 녀석들의 인체에 미치는 영향에 대해 소개해보도록 하겠다.

우리가 먹는 음식의 가성비를 높이는 마이크로바이옴

앞서 언급한 것과 같이 의학미생물이라고 하면 병원성미생물 중심으로 발전해온 것이 사실이지만 병원성이 아닌 공생미생물이 우리 몸에 존재하고 있으며 인체에 유익한 몇몇 역할들은 꽤 오래전부터 잘 알려져 있다. 여러분들도 중 · 고등학교에서 생물을 배우셨으면 인체에 존재하는 미생물의 유익한 역할에 대해서 한두 가지 들어본 기억이 있을지도 모른다. 물론 마이크로바이옴에 대해 평소에 관심이 있으신 분이라면 조금은 더 많은 역할에 대해서 알고 계실 수도 있다. 이번 단락을 통해 마이크로바이옴의 기본적인 역할에 대해서 상기하는 계기로 삼아보자.

인체에 서식하는 미생물의 가장 잘 알려진 역할은 소화기 내에서 우리가 섭취하는 음식물의 분해와 흡수를 돕는다는 것이다. 인간은 잡식성 동물이라 육류나 채소, 과일 등 비교적 다양한 식재료를 섭취하기는 하지만 그것이 우리 몸 안에 흡수되어 영양분으로 활용되기 위해서는 먼저 흡수 가능한 형태로 분해가 일어나야 한다. 이를 위해 우리는 입에 넣고 음식을 씹어 물리적으로 잘라주고 몸에서 분비되는 다양한 소화액과 반응시켜 화학적인 분해를 유발한다. 이왕이면 먹은 음식이니 모두 소화되어 영양분으로 100% 활용되면 좋겠지만 입에 들어간 음식의 전부가 흡수 가능한 형태로 분해될 수 있는 것은 아니다. 그나마 다행인 것은 장내 거주하고 있던 미생물 중 일부가 인체가 분비하는 소화액으로는 분해되지 않는 복합 다당체(polysaccharide)를 인체가 흡수할 수 있는 형태로 분해할 수 있어 우리가 먹은 음식의 가성비를 높이는데 일조하고 있다. 특히 식이섬유는 마이크로바이옴에 의해 최종적으로 발효되어 아세트산(acetate), 부틸산(butylate), 프로피온산(propionate) 등으로 알려진 단쇄 지방산(short chain fatty acid) 형태로 만들어지게 되는데, 이는 대장에서 흡수되어 에너지원이나 새로운 포도당 합성의 기질로 사용되기도 하고 면역 기능의 활성에 기여하는 등 인체에 유익하고 다양한 효과를 매개하는 것으로 알려지고 있다. 이와 더불어 장내 마이크로바이옴 중에서도 젖산균이나 비피더스균 등은 음식을 분해하는 과정에서 인체 생리활성을 돕는 비타민 B군과 비타민 K군, 엽산, 판토텐산, 비오틴 등의 비타민을 합성한다. 이렇게 합성되는 비타민 중 일부는 동·식물에서 만들어지지 않는 것도 있어 장내 마이크로바이옴이 꽤 특별한 역할을 한다고 볼 수 있다.

마이크로바이옴이 우리가 먹은 음식물을 분해하고 필요한 영양분을 제공하는 상황 즉, 숙주가 먹은 음식에 대한 가성비를 높이는 사례를 다른 동물들로 조금 확장해보면 상식적으로 알아두면 재미있을 만한 사실들이 있어 몇 가지 소개하도록 하겠다.

— 먼저 소나 사슴과 같은 되새김질을 하는 커다란 동물들은 그들의 위(胃)에 존재하는 미생물이 소화에 매우 중요한 역할을 한다. 이들은 푸른 초원에서 한가로이 풀을 뜯어 먹고는 섬유질 투성이라 질기디 질긴 풀을 쉬지 않고 되새김질을 반복한다. 이들이 풀을 주식으로 먹기는 하지만 식물을 구성하는 셀룰로오스나 리그닌 성분을 분해할 수 있는 효소를 직접 만들어내지는 못한다. 다만 여러 번에 걸친 되새김질로 인해 물리적으로 잘게 잘린 풀은 위 내부에서 엄청난 수의 미생물과 만나 뒤섞이게 되는

데, 이 미생물들이 셀룰로오스와 리그닌을 포도당으로 분해하거나 각종 유기산이나, 휘발성 지방산, 아미노산, 비타민 등으로 만드는 역할을 한다. 만들어진 포도당은 주로 미생물이 활용하고 나머지는 숙주의 영양분으로 활용되므로 서로 상부상조하는 상황이 되는 것이다.

— 다음으로 코알라의 소화관에 존재하는 미생물도 코알라의 식이에 있어 매우 중요한 역할을 한다. 코알라의 주식인 유칼립투스의 잎은 구토와 설사증세를 일으키는 강한 독성이 있어 대개의 초식 동물이 기피하는 식물로 알려져 있다. 그런데 코알라 위 · 장관에 있는 미생물은 이를 해독할 수 있어 코알라가 유칼립투스 잎을 소화시키는데 무리가 없어 이를 독점할 수 있게 된다. 또한 이러한 연유로 어미 코알라는 새끼들이 젖을 뗄 즈음 자신의 똥을 먹여 유칼립투스 잎의 독성을 해독하는데 필요한 장내 미생물을 자식에게 이식시킨다고 하니 본능에 의한 행동이겠지만 숙주와 미생물 간의 공생관계를 보여주는 흥미로운 사례이다.

— 마지막 사례로 작은 곤충인 진딧물과 그들의 소화관 내에 거주하는 미생물 간의 관계를 소개해보자. 진딧물은 오직 식물의 즙을 빨아 영양분을 섭취하는 것으로 알려져 있는데, 해당 즙은 대부분 당분으로 이루어져 있을 뿐 단백질이 부족하다. 그렇다고 진딧물이 자체적으로 필수 아미노산을 만들어낼 수 있는 유전자

를 가지고 있지도 않다. 그렇다면 진딧물은 어떻게 필요한 아미노산을 공급받아 단백질을 만들 수 있을까? 그 해결책은 진딧물의 몸 안에 거주하고 있는 부크네라(Buchnera aphidicola)라는 세균이 제공한다.[7] 이 녀석들은 특이하게도 진딧물의 세포 안에 거주(bacteriocytes)하면서 세포 안에 흡수된 영양소를 활용한다. 이들은 필수 아미노산인 트립토판을 만들 수 있는 유전자를 가지고 있어 트립토판을 만들어 진딧물에게 제공하며, 식물 즙을 통해 제공받은 글루타민으로부터 글루탐산을 만드는데 여기에서 질소를 제공받아 공급이 부족한 다른 아미노산을 합성하는데 사용한다. 이는 마치 세균이 진딧물의 세포 안에서 아미노산 생산을 담당하는 세포 소기관(organelle)처럼 작동하고 있는 것이다. 때문에 혹여 진딧물에게 항생제를 처리하게 된다면 진딧물이야 직접 영향을 받지 않겠지만 진딧물에 공생 중인 부크네라가 죽게 될 테니 결국 단백질 합성에 문제가 생겨 진딧물도 생존하기 어렵게 된다.

---

7)http://web.uconn.edu/mcbstaff/graf/Aphids.html

마이크로바이옴과 감염 그리고 면역

18세기 말 영국의 의사 에드워드 제너(Edward Jenner)가 우두의 고름을 사용하여 천연두를 예방하는 종두법이라는 백신 접종법을 도입한 이후, 19세기 프랑스의 루이 파스퇴르(Louis Pasteur) 박사가 광견병에 대한 백신을 최초로 개발하면서 인체의 면역력을 활용하는 연구가 체계적으로 시작되었고, 그 밑에서 연구하던 우크라이나 과학자 일리야 메치니코프(Ilya Mechnikov)는 백혈구가 세균을 잡아먹는 식균작용을 발견하면서 면역학이 본격적으로 발전하는 계기를 마련하였다. 이처럼 미생물과 면역은 밀접한 관계를 가질 수밖에 없는데, 굳이 이러한 관계를 강조하는 이유는 마이크로바이옴이 병원성미생물의 감염과 밀접한 관계가 있고 여러 면역 반응과도 떼래야 뗄 수 없는 관계를 갖고 있기 때문이다.

우선 마이크로바이옴은 병원성미생물의 감염으로부터 우리 몸을 보호하는데 일정 부분 역할을 하는 것으로 알려져 있다. 여기에는 다양한 방식이 있는데, 숙주와 직접적인 관계없이 이루어지는 방식부터 나열해보면, 인체의 특정 부위에 물리적인 위치를 선점하고 있던 공생미생물들이 병원성미생물이 생존에 필요한 영양분을 먼저 다 사용하여 고갈시킴으로써 병원성미생물이 들어온다 하더라도 먹을 게 없을 테니 병원성미생물의 번성이 어렵게 만들 수 있다. 일부 마이크로바이옴은 다른 세균을 죽일 수 있는 물질인 박테리오신(bacteriocin)을 직접 생산하여 경쟁 세균을 적극적으로 제거하는데, 이러한 효과가 병원균의 침입을 막는데 도움을 주기도 한다. 또한 상대적으로 소극적인 방식처럼 보이지만 식이섬유를 분해하여 최종 분해 산물인 단쇄 지방산을 많이 생산하게 되면 주위 환경의 산성도가 높아지게 되므로(pH 감소) 병원성미생물이 자라기 불리한 환경을 조성하여 감염성 질병에 걸리지 않는데 일조하기도 한다.

이와 같은 직접적인 방식 이외에도 공생미생물이 숙주를 통해서 병원성미생물의 감염을 억제하는 방식도 있다. 이를 살펴보기 위해 인체에서 미생물이 가장 많은 수가 존재하는 장 내부의 상황을 먼저 알아보자. 장관 내부를 보면 외부 환경과 만나는 가장 접점에는 상피세포라 불리는 세포들로 이루어진 층이 있다. 쉽게 생각해서 장 안쪽 피부층이라 보면 된다. 이들 장상피세포는 서로 매우 긴밀히 연결(tight junction)되어 있어 늘 대면하고 있는 미생물이나 음식물과 같은 외부 물질들이 세포 층을 마음대로 뚫고 몸 안으로 들어오기 어렵게 굳건한 장벽으로 기능하고 있다. 또한 장상피세포는 뮤신(mucin)이라 불리는 점액을 분비하여 상피세포층 바로 위에 점막을 형성하는데, 이는 정상적인 상태에서 마이크로바이옴과 장상피세포가 접촉하는 것을 막아주는 역할을 한다. 이는 공생미생물도 결국 미생물인지라 인체 내로 침입하게 되면 좋을 것이 없으니 이들의 의도치 않은 침투를 방지하는 효과를 나타낸다. 하지만 장에는 워낙 많은 수의 마이크로바이옴이 존재하다 보니 일부 미생물 자체나 그 구성성분이 지속적으로 상피세포를 자극하는 상황이 발생하게 된다. 이는 상피세포를 활성화시켜 더 많은 뮤신을 분비하거나 세포 간의 연결을 보다 견고하게 하는 결과를 초래한다. 결과적으로 장내 마이크로바이옴은 숙주의 물리적인 방어 시스템을 평소에 방어진지나 철책선을 잘 구축시켜 놓도록 훈련시키고 비무장지대도 충분히 확보하도록 유도함으로써 공생미생물뿐만 아니라 병원성미생물이 인체 내부로 침입할 수 있는 가능성을 낮추는 역할을 하는 것이다.

마이크로바이옴은 감염에 대한 면역반응뿐만 아니라 다른 면역학적인 문제에도 중요하게 관여하는 것으로 알려지고 있다. 가장 간단한 증거로 무균동물의 경우 일부 장내 면역 조직 자체가 정상적으로 발달되지 않는다는 것을 통해 면역 시스템에 대한 마이크로바이옴의 역할을 짐작해 볼 수 있다. 십여 년 전부터는 아주 구체적으로 특정 공생미생물의 존재와 면역세포의 분화와 발달 간의 상관관계도 밝혀지고 있다. 한가지 예를 들어보면, 2009년 뉴욕대학의 댄 리트만 (Dan R. Littman)교수 연구팀이 발표한 《Cell》지에 발표한 결과에 의하면 동일한 유전적인 배경을 갖는 생쥐를 다른 두 공급업체에서 구입해 면역세포들을 비교해 보니 A업체의 생쥐는 장에서 T_H17 세포가 많이 관찰되지만 B업체에서 구입한 생쥐는 T_H17 세포가 거의 보이지 않는다는 사실을 발견하였다.[8] 연구팀은 이러한 차이의 원인을 외부 요인, 그중에서도 마이크로바이옴에서 찾고자 하였다. 연구 결과 A업체의 생쥐는 소장에 절편섬유성세균(segmented filamentous

---

8)Ivanov II et al., Cell, 2009;139:485-498

bacteria; SFB)이 많이 존재하지만 B업체의 생쥐는 해당 세균이 존재하지 않는다는 것을 확인하였다. 이전 결과에서 보통의 실험 동물실 환경에서 사육된 생쥐는 T_H17 세포가 소장에 많이 존재하지만 무균 생쥐의 경우는 T_H17 세포가 분화되지 않는다는 것을 관찰하였는데, 무균 생쥐에 SFB를 감염시키면 보통의 생쥐와 같이 T_H17 세포가 분화된다는 것을 확인하였다. 이를 통해 장내 마이크로바이옴 중 하나인 SFB가 T_H17 세포 분화를 야기할 수 있음을 증명한 것이다. 또한 관련하여 진행된 후속 연구에서는 T_H17 세포가 병인에 주요한 역할을 하는 것으로 잘 알려진 관절염, 다발성경화증 등 각종 자가면역 질환의 발병 양상에 있어서 SFB의 존재여부가 중요하게 영향을 미칠 수 있다는 것이 동물실험을 통해 증명되었다. 이는 감염 질환 이외에도 면역 시스템이 중요하게 작용하는 다양한 질환의 발병에 있어 마이크로바이옴이 중요한 역할을 할 수 있다는 구체적인 작용기전을 설명하고 있는 한가지 예시인 것이다. 실제 임상학적인 분석에서도 특정 질환의 환자가 정상인과 다른 구성의 마이크로바이옴을 가지고 있다는 것은 헤아리기 어려울 정도로 많은 보고가 이루어지고 있다. 다만 아직은 특정 질환의 발병이 특정한 균주의 변화에 의해 영향을 받는다는 직접적인 인과관계를 보고한 경우는 많지 않고 보고된 인과관계도 일부는 논란의 여지가 있어 여전히 많은 연구가 필요한 상황이다.

앞서 언급한 바와 같이 기본적으로 미생물에 대응한 반응에 대한 연구로부터 면역학 연구가 시작된데다가 우리 몸 전체 마이크로바이옴의 절대 다수가 존재하는 장에 면역세포의 70%가 존재하기 때문에 면역반응과 관련된 문제에 마이크로바이옴이 관여한다는 것은 그다지 놀라울 만한 사실이 아닐 수 있다. 하지만 최근 들어서는 마이크로바이옴이 장과는 멀리 떨어진 뇌, 심장, 폐, 위, 간, 신장, 피부, 생식기관을 비롯한 각종 장기에서 발생하는 질환이나 여러 대사 증후군 등의 발병에도 영향을 미친다는 사실이 밝혀지면서 많은 의과학자들에게 새롭게 주목받고 있다. 다음 단락부터는 여러분들이 살짝 놀랄만한 우리 몸에서 마이크로바이옴이 미치는 영향에 대한 몇 가지 사례를 소개해보도록 하겠다.

누구는 왜 살이 쉽게 찌고 누구는 왜 살이 잘 찌지 않을까?

물만 마셔도 살이 찐다는 사람이 있다. 반면 아무리 먹어도 살이 안 쪄서 고민이라는 사람도 있다. 언젠가 본 티비 프로그램에서는 이들의 생활을 카메라로 관찰해보니 본인은 의식하지 못하지만 습관적으로 상당량의 음식을 입에 대고 있다던가, 반대로 입이 짧아 보통의 사람들보다 섭취하고 있는 음식의 양이 현저히 적더라는 모습을 보여주며 먹는 음식과 식이 습관의 문제점을 지

적했다. 해당 프로에서 강조한 것처럼 살이 찌고 안 찌는 문제에 있어서 먹는 것의 중요성에 절대적으로 동의하는 바이지만 그것이 전부는 아니다. 실제 비슷한 양의 식사를 하고도 살이 잘 찌는 사람과 그렇지 않은 사람이 존재한다는 사실을 우리는 경험적으로 잘 알고 있다. 이를 체질(體質)이 다르다고 통칭해서 이야기하는데 여기에는 유전적인 요인이 중요하게 작용하고 있다. 실제 특정 유전자의 발현 여부나 정도가 비만과 마름의 차이를 만들어 낸다는 것은 수많은 사람의 인체 군집의 역학적인 분석이나 유전적 조작이 된 동물 실험을 통해 보여졌고, 그 작용기전이 에너지 대사과정에 중요하다느니 배고픔을 느끼는 신경전달 회로에 작동한다느니 하는 과학적인 보고도 상당히 이루어져 있어 일반 대중들도 유전적인 체질(?)이 비만의 중요한 요인이라는 사실을 통상적으로 잘 알고 있다.

그렇다면 음식과 유전자 이 두 가지가 누구는 살이 찌고 누구는 살이 찌지 않음을 결정하는 전부일까? 미국 세인트루이스에 있는 워싱턴대학 의과대학의 제프리 고든 교수의 연구팀은 2006년 《Nature》지에 사람들이 생각하지 않았던 또 다른 요인을 발표하였다.[9] 연구진은 뚱뚱한 쥐와 마른 쥐의 대변을 얻어다가 무균 생쥐에 이식하고 동일한 식이를 제공하면서 키웠다. 쉽

9)Turnbaugh PJ *et al.*, Nature. 2006;444:1027-31.

게 설명해보면 뚱뚱한 쥐와 마른 쥐가 똥을 싸면 바로 받아다가 세균이 전혀 없는 환경에서 키워지고 있던 무균 생쥐에 강제로 먹인 것이다. 그렇게 되면 무균 생쥐는 더 이상 무균 상태가 아니라 전달받은 똥에 있던 미생물이 장내나 피부 등에 자리 잡은 상태가 된다. 실험에 사용하는 생쥐는 여러 세대를 거쳐 근친교배를 통해 동일한 유전적인 배경을 가지고 있으니 유전적인 요인에 차이는 없고 멸균된 상태의 동일한 사료를 먹이면서 키웠으니 먹는 음식에도 차이가 없었다. 그런데 그 결과는 놀라웠다. 먹는 사료의 양은 비슷한데도 뚱뚱한 쥐의 똥을 먹인 쥐의 몸무게가 마른 쥐의 똥을 주입한 쥐보다 2배나 불어난 것이다. 다시 말해 음식과 유전적인 요인을 배제했을 때 마이크로바이옴의 차이가 살이 찌고 안 찌고를 결정한다는 것을 보여준 것이다.

혹시 이러한 현상이 생쥐에 국한된 문제일까? 제프리 고든 연구진은 사람들 중에서도 쌍둥이의 대변을 가지고 비슷한 후속 연구를 수행했다. 유전적인 소인이 동일하게 태어났지만 비만한 쌍둥이와 날씬한 몸을 갖고 있는 쌍둥이로부터 각각 분변을 채취하여 무균 생쥐에 이식을 해봤다. 그 결과도 앞서 실험과 동일하게 비만한 사람에게서 분변을 이식받은 생쥐는 뚱뚱해졌고 마른 사람에게 분변을 주입받은 생쥐는 날씬했다. 이와 더불어 같은 지역의 비만한 사람과 날씬한 사람의 장내 마이크로바이옴을 분석

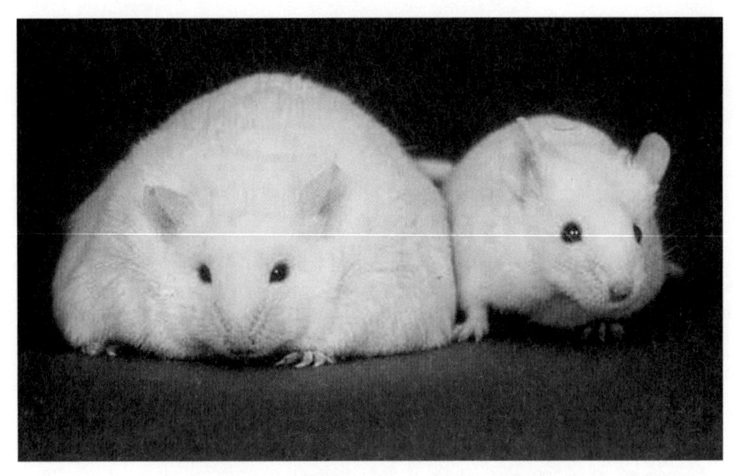
〈비만 쥐 vs. 날씬한 쥐, 이미지 출처: Wikipedia〉

해보면 상당히 다른 종류의 미생물로 구성되어 있음이 다양한 연구 보고를 통해서 알려지고 있으니 실제 사람들에게서 장내 마이크로바이옴의 차이가 살이 찌고 안 찌고를 결정하는 중요한 요인임을 알 수 있다. 그렇다면 그 메커니즘은 무얼까? 마이크로바이옴은 섭취된 음식물로부터 더 많은 칼로리를 추출하거나 지방으로 저장하거나 분해하는 방식에 영향을 미쳐 비만이 되는데 영향을 미치는 것으로 보인다.

그렇다면 무얼 먹던지 장내 마이크로바이옴을 조절하면 살을 빼거나 찌울 수 있을까? 정답은 '아니올씨다'이다. 그에 대한 한 가지 예로 제프리 고든 연구팀의 또 다른 결과를 소개해보겠다.[10] 생쥐를 포함한 일부 동물들은 평소에도 배설물을 섭취하는 식분증(食糞症; coprophagy)을 가지고 있다. 따라서 생쥐들을 같은 우리에서 키우게 되면 서로의 분변을 주워 먹게 되어 장내 마이크로바이옴의 구성이 서로 비슷해지는 현상이 나타나게 된다. 이러한 현상을 활용하여 뚱뚱한 사람의 분변을 이식한 생쥐와 날씬한 사람의 분변을 이식한 생쥐를 같은 우리에 넣어 키워보았다. 앞서 언급한 내용에서는 뚱뚱한 사람의 분변을 이식받은 생쥐는 뚱뚱해지고 날씬한 사람의 분변을 주입한 생쥐는 날씬했었는데 이 둘을 같은 우리에서 키웠으니 장내 마이크로바이옴이 비슷해지는 상황이라 결과는 어떻게 되었을까?

— 뚱뚱한 미생물 → 비만

— 날씬한 미생물 → 날씬

— 뚱뚱한 미생물 + 날씬한 미생물 : 같은 우리 → 비만? 날씬?

실제 그 결과는 사료를 무얼 제공했느냐에 따라 달라졌다. 동물실험실에서 생쥐를 키울 때 일반적으로 사용하는 사료의 경우 주로 식물성으로 구성된 먹이인데, 날씬한 사람에게서 온 미생물은 대개 식물성 섬유질 성분을 잘 분해할 수 있는 능력을 갖추고 있고 뚱뚱한 사람에게서 온 미생물은 그렇지 못하다. 따라서 일반 사료를 제공했을 때 식분증에 의해 날씬한 사람에게서 온 미생물이 뚱뚱한 사람의 분변을 이식받았던 생쥐로 옮겨가게 되면

10)Rudayra VJ et al., Science 2013:341:1241214

제공된 사료의 섬유질을 사용하여 잘 정착하게 되고 결국 이들이 뚱뚱해지는 것을 막아주지만, 뚱뚱한 사람의 미생물은 날씬한 사람의 분변을 이식받은 생쥐에게 가더라도 식이섬유 성분을 활용하질 못하니 기존에 자리를 차지하고 있던 날씬한 사람에게서 온 미생물들에게 밀려 발붙이지 못하는 상황이 된다. 반면 고지방에 섬유질이 낮은 사료를 공급했을 때는 상황이 달라지게 된다. 앞서 상황과는 반대로 뚱뚱한 사람에게서 온 미생물들이 활발히 번성할 수 있게 되고, 따라서 날씬한 사람의 미생물이 식분증에 의해 뚱뚱한 사람의 분변을 주입한 생쥐의 장내로 들어가게 되더라도 기존의 미생물들을 제압하지 못해 체중 증가가 그대로 나타나게 되었다.

— 뚱뚱한 미생물 + 날씬한 미생물 : 식이섬유 식단 → 날씬

— 뚱뚱한 미생물 + 날씬한 미생물 : 고지방 식단 → 비만

이는 장내 마이크로바이옴이 우리가 먹는 음식과 뗄래야 뗄 수 없는 관계를 보여주는 결과이다. 결국 우리가 마이크로바이옴을 조절해서 우리 몸에 긍정적인 효과를 내려고 한다면 반드시 먹는 음식도 같이 고려해야 한다는 것을 의미하는 것이다. 심지어 음식은 마이크로바이옴의 구성을 결정하는 하나의 요소일 뿐이다. 여기서 구체적으로 소개하지는 않겠지만 유전적인 요인도 직·간접적인 방식을 통해 마이크로바이옴의 구성에 영향을 미치고

있다는 것도 보고되어 있다. 결론적으로 유전적인 요인, 식이 요인, 장내 미생물의 구성이 서로 영향을 주고받아 적절한 균형을 이루었을 때 적절한 몸매를 유지할 수 있게 되는 것이다. 이러한 결론은 뒤에 소개할 다른 질병에서도 동일하게 적용되는 관계이다.

항생제 과용의 부작용과 대변이식

항생제가 개발되면서 여러 감염성 질병으로부터 수없이 많은 생명을 구한 것은 부인할 수 없는 사실이다. 하지만 병원에 입원한 환자에게 처방된 항생제의 30~50%는 필요하지 않거나 잘못된 처방이라는 보고가 있을 정도로 요즘은 항생제가 과도하게 사용되고 있으며 이는 또 다른 문제를 야기하고 있다. 항생제의 오남용에 대한 문제의식은 이미 많이 알려져 항생제 내성균의 출

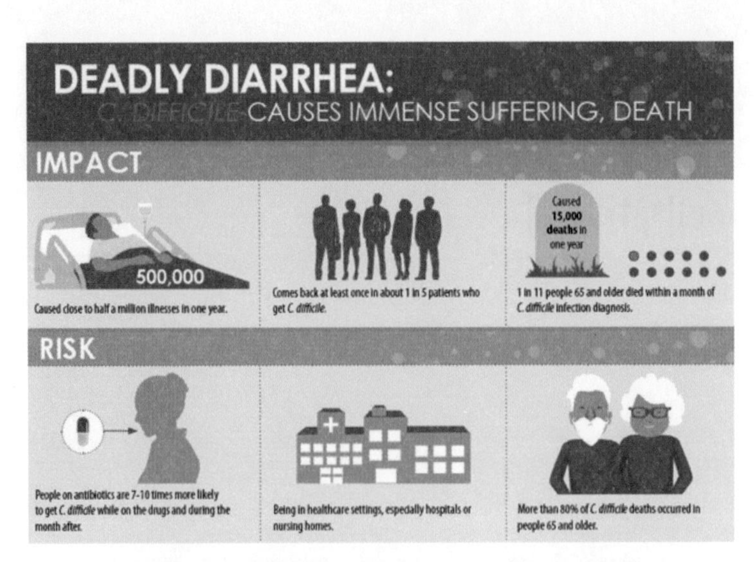

〈씨디피실 감염 관련 미국의 통계 요약, 이미지 출처: 미국 CDC〉

현의 기회를 높여 정작 필요할 때 어떠한 항생제에 의해서도 해당 내성 병원균을 제거할 수 없어 생명이 위협받을 수 있다는 것은 상식적인 이야기가 되었다. 지금부터는 상대적으로 덜 알려진 또 다른 항생제 사용의 부작용인 씨디피실 감염에 대해 언급하려 한다. 씨디피실은 클로스트리디움 디피실(Clostridium difficile)의 약자인데 이들은 사실 사람들의 장내에 거주하는 공생미생물의 일종으로 건강한 성인 3%의 가량의 위 · 장관에 상주하는 것으로 알려져 있으며 평상시에는 질병을 야기하지는 않는다. 다만 항생제가 투여되었을 때 다른 공생 세균이 줄어들면서 그 틈을 타 항생제 저항성이 높은 씨디피실이 상대적으로 과도하게 증식하면서 나타나는 질병이다. 대개 설사를 동반한 심각한 장염을 야기하며 면역력에 문제가 있는 대상에게 쉽게 전염될 수 있어 병원 내 전파가 흔한 질병이기도 하다. 미국의 기준으로 매년 50만 명의 감염 환자가 발생하고 있으며 그중 15,000명 정도가 사망하게 되고 사망자 중 85%는 65세 이상의 고령의 환자이다. 이로 인해 발생하는 응급치료 시설 이용 금액만 하더라도 연간 약 5조 원가량에 이르는 등 상당한 경제적 비용이 소요되는 질환이기도 하다. 해당 질환의 가장 큰 문제점 중 하나는 당장 증세가 치료가 되더라도 5명 중에 한 명은 재발하는 재발 빈도가 높다는 점이다.

2013년 《New England Journal of Medicine》지에 완치가 어려운 씨디피실 감염에 대한 재미있는 임상시험 결과가 실렸다.[11] 씨디피실이 재발된 환자를 대상으로 항생제로 처리한 그룹과 대변이식을 시행한 그룹을 나누어 비교 관찰을 해보니 항생제를 투여받은 환자 중 31%만이 이후 장염이 재발되지 않았으나 대변이식을 받은 환자의 경우 한번의 시술만으로도 81%, 세 번의 시술로 94%의 환자가 재발이 되지 않고 치료가 된다는 사실을 보고한 것이다. 대변이식술이 항생제 처치에 비교해 치료 효과가 워낙 좋다 보니 미국, 캐나다, 유럽 등에서는 씨디피실 감염에 대

11)van Nood E *et al.*, New Engl J Med, 2013:368:407-15

한 공인된 치료법으로 인정하고 있으며 국내에서도 2016년 신의료기술로 인정되어 의사의 판단에 따라 시술되고 있다. 현재 미국 식품의약국에서는 대변이식 치료제를 희귀의약품 및 혁신 치료제로 지정하여 신약으로 승인하기 위한 신속 승인 과정에 들어가 있기도 하다.

여기서 잠깐 대변이식술에 대해서 간단히 알아보자. 가장 먼저 해야 할 일은 건강한 사람으로부터 유익균이 많은 대변을 확보하는 것이다. 대변이식술을 성공시키기 위해서 가장 중요한 단계가 건강한 대변을 확보하는 것이지만 신체적으로 건강한 사람들 사이에서도 마이크로바이옴 구성은 다양하므로 어떤 마이크로바이옴 구성을 가진 대변이 효과가 좋을 것인가를 사전에 온전히 확인할 수 있는 방법은 아직까지 없다. 다만 유해균이나 병원균으로 알려진 미생물이 포함된 대변을 제외하기 위해서라도 확보된 대변에 대한 검사는 강조되고 있다. 이렇게 검사가 끝난 대변은 정해진 처리 방식에 따라 필요 없는 찌꺼기는 제거하는 전처리 이후 일종의 물약과 같은 형태로 보관하기도 하고 투여가 쉽도록 알약의 형태로 제형을 만들기도 한다. 아직까지 제형이나 투여 프로토콜이 국제적으로 표준화된 프로토콜은 존재하지 않는다. 알약 형태로 만들어진 대변은 먹어서 투여가 될 것이고 물약 형태로 준비된 대변은 식도관을 삽입하거나 위 내시경을 통해 십이

지장 쪽으로 투여하거나 대장 내시경을 통해 대장 안쪽에 직접 투여하게 된다. 일부 투여 방식에 따라 하체를 상체보다 위쪽으로 일정기간 고정하여 투여한 대변의 마이크로바이옴이 안정적으로 생착하기 위한 추가적인 방법을 취하는 경우도 있다. 아직까지는 국내·외 모두 대변이식술이 활발히 이루어지고 있는 상황이 아니므로 대개 시술하는 병원에서 이식에 필요한 대변을 자체적으로 확보하여 사용하는 것이 일반적이나 미국, 영국, 네덜란드에서는 각각 오픈바이옴(Openbiome), 국가건강서비스(National Health Service) 냉동배설물 은행, NDFB(Netherlands Donor Feces Bank)이라고 하는 대변 은행이 설립되어 이식에 필요한 대변을 체계적으로 관리하려는 움직임이 있으며 국내에서도 몇몇 벤처 기업들이 대변 은행을 설립하여 개별 병원들과 협력하는 경우도 생겨나고 있다.

아직까지 대변이식술은 씨디피실 감염 정도만 공인된 시술법으로 사용되고 있으나 심한 궤양성대장염이나 과민성대장증후군을 비롯한 다양한 장 질환에도 효과를 보인다는 연구 결과가 보고되고 있으며, 이 책에서 소개하는 비만, 자폐증을 비롯한 인슐린 저항성, 당뇨, 다발성 경화증, 파킨슨병, 류마티스 관절염, 우울증 등의 다양한 질환에서 활용될 수 있을 것으로 생각된다.

똥으로 자폐를? 그 기전은 장-뇌 축

더스틴 호프만, 탐 크루즈 주연의 《레인맨(Rain man)》이라는 영화를 기억하실까? 조승우 주연의 《말아톤》이라는 영화는 "초원이 다리는?" — "백만 불짜리 다리"라는 대사 덕분에 좀 더 많이 기억하실 것 같다. 각 영화의 주인공인 더스틴 호프만과 조승우씨가 맡은 배역이 자폐증 환자였다. 굳이 해당 영화를 보지 않았더라도 자폐라는 질환이 의사소통의 문제와 제한적이고 반복

NeurologyAdvisor

EPILEPSY STROKE NEURODEGENERATIVE MULTIPLE SCLEROSIS MOVEMENT DISORDEF

NEWS CME DRUGS CHARTS RESOURCES C

FDA Grants Fast Track Status to Microbiota Transfer Therapy for Autism

Steve Duffy Digital Content Editor

The Food and Drug Administration (FDA) has granted Fast Track status to the microbiota transfer therapy (MTT), *Full-Spectrum Microbiota* (FSM), for the treatment of children with autism spectrum disorder (ASD).

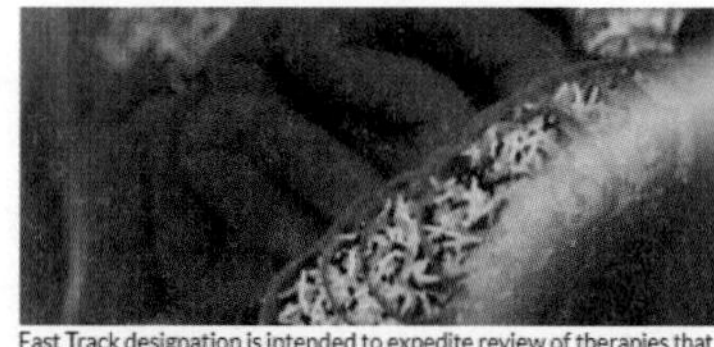

Fast Track designation is intended to expedite review of therapies that treat serious conditions and fill an unmet need.

As previous studies have suggested a link between the gut microbiome and autism-like behaviors, Finch Therapeutics, the developers of FSM therapy, conducted an open-label study in 18 children with ASD and chronic gastrointestinal (GI) problems to evaluate the effect of MTT on these patients.

Related Articles

Prenatal Vitamin Use May Reduce Risk for Recurrent ASD in Younger Siblings

ADHD Symptoms Related to Poor Adaptive Behavior in Autism Spectrum Disorder

Family History of Mental Disorders Linked to Autism Spectrum Disorder Risk

〈자폐에 대한 대변이식술 신속심의 절차 도입 기사, 이미지 출처: Neurology Advisor〉

적인 행동의 특징을 보이는 정신발달장애라는 정도는 대부분 알고 있을 것이다. 실제 이 질환은 신경해부학적으로 뇌에 문제가 있거나 신경전달 물질의 분비 과정에 이상이 있는 것이 발병 원인으로 알려져 있다. 그런데 자폐 환자들에게서 예상치 못한 공통점이 한가지 발견되었는데 이들이 설사나 변비와 같은 위 · 장관 장애를 겪는 비율이 꽤 높다는 점이다. 설사와 변비도 치료를 요하는 질병이다 보니 이를 치료하려는 목적으로 대변이식을 수행한 경우가 있었는데 소화기 증세 호전과 더불어 엉뚱하게도 자폐 증세가 호전된다는 것이 관찰된 것이다. 단순히 말하면 똥을 먹였더니 자폐가 좋아진다는 것이니 언뜻 생각해보면 믿기 힘든 발견이다.

이후 대변이식을 활용하여 자폐를 치료하고자 하는 다양한 시도들이 있어 왔고 상당히 긍정적인 결과가 보고되고 있다. 그중 2019년 4월에 《Scientific Report》지에 발표된 논문에 따르면 자폐 스펙트럼 장애를 가진 환자에 대변이식을 수행한 후 2년간 추적 관찰을 해보니 47%의 시술 대상자에서 자폐 증세가 유의미하게 감소하였다. 워낙 놀라운 결과이다 보니 논문이 발표된 지 한 달 만에 미국식품의약국 FDA는 이 결과를 근거로 대변이식술을 자폐증 치료제로 사용할 수 있을지를 검토하기 위한 신속승인 절차에 들어갔다. 머지않은 시기에 소아청소년정신과와 소화기내과의 협진이 늘어나는 상황을 기대해봐도 좋겠다.

그렇다면 대변이식에 의한 장내 마이크로바이옴의 변화가 어떻게 뇌에 영향을 미칠 수 있을까? '맛있는 음식을 먹으면 기분이 좋아진다.', '배가 고프면 짜증이 난다.', '스트레스를 받으면 소화가 잘 안된다.' 등등. 우리는 이미 경험적으로 뇌와 장이 서로 영향을 준다는 사실을 인지하고 있다. 실제 소화관 전체에는 신경 세포들이 실타래처럼 얽혀 두꺼운 신경 세포층을 이루고 있으며, 이들은 미주신경(vagus nerve)라고 하는 몸 안에 가장 긴 신경에 의해 뇌에 직접 연결되어 있다. 또한 장내 미생물에 의한 장내분비세포의 자극은 세로토닌이라는 신경 전달 물질의 생성에 중요하게 기여하고, 일부 장내 세균은 신경 전달 물질인 가바(GABA)나 도파민을 직접 만들어내는 것으로 알려져 있다. 이렇게 생산된 신경 전달 물질은 장 신경계에 의해 감지되고 바로 미주신경에 의해 뇌로 전달될 수 있으니 장에서의 상황 변화가 단기간에 뇌에 영향을 미치게 되는 것이다. 이외에도 장에서 활성화된 면역세포나 사이토카인 등의 물질이 혈류를 타고 뇌로 이동하는 방식을 통해서도 영향을 미칠 수 있다. 이처럼 알고 보니 물리적으로 상당히 떨어져 있는 장과 뇌라는 두 장기가 긴밀히 연결되어 있다는 사실이 밝혀지면서 이제는 이러한 상황을 표현하는 장-뇌 축(gut-brain axis)의 말은 꽤 유명한 표현이 되었다. 앞서 언급한 자폐 스펙트럼 장애에 대한 대변이식의 효과도 장-뇌 축의 관계에서 구체적으로 증명하려는 시도가 이루어지고 있으니 앞으로 장내 마이크로바이옴을 기반으로 한 자폐증 치료제 개발은 더욱 기대해볼 만하다고 하겠다. 자폐증 이외에도 나이가 들면 누구나 걸릴 수 있는 파킨슨병이나 알츠하이머병과 같은 퇴행성 뇌 질환의 경우도 다양한 장내 마이크로바이옴 조절을 기반으로 한 치료 시도들이 긍정적인 결과로 보고되고 있으니 여러분들도 장-뇌 축의 관계와 이를 기반으로 한 치료제의 개발을 관심 있게 볼 필요가 있을 것이다.

면역항암제의 효과까지

일본 교토대학의 타슈쿠 혼조(Tasuku Honjo) 교수는 1992년 면역세포 중 하나인 T 세포의 표면에서 PD-1이 발현한다는 것을 보고하고, 이후 이 단백질 수용체의 자극이 T 세포가 활성화되는 것을 억제한다는 사실을 확인했다. 미국에 제임스 앨리슨(James P. Allison) 박사는 1990년대 UC버클리대학에서 T 세포의 또 다른 단백질 수용체인 CTLA-4도 T 세포의 활성을 억제할 수 있다는 사실을 연구하고 있었다. 한걸음 더 나아가 앨리슨 박사 연구팀은 CTLA-4를 막는 항체를 처리하게 되면 T 세포에 걸리는 브레이크가 풀려 종양 세포를 공격할 수 있다는 사실을 확인했다. 이렇게 면역항암제 중 한 종류인 면역관문억제제의 기본 개념을 발견한 덕분에 두 분은 2018년 노벨 생리의학상을 받게 되었다.

면역항암제 정도는 상식적으로 알아두면 좋을 듯하니 조금 더 설명을 해보겠다. 제1, 2세대 항암제라 불리는 화학항암제와 표적항암제는 암세포 자체를 타깃으로 했다면, 제3세대 항암제라 불리는 면역항암제는 환자의 면역 기능을 개선하여 암을 치료하는 방식이다. 인체에서는 끊임없이 세포가 분열하여 늘어나다 보니 잘못 만들어지는 세포도 계속 생겨나게 되고 다양한 외부적인 요인에 의해서 정상적인 세포에서도 비정상적인 변형이 일어나기도 한다. 건강한 상태에서 인체 면역세포는 온몸을 돌아다니면서 몸 안에 세포들을 불시 검문을 하고 있으며, 정상 세포는 별 문제없이 지나치지만 비정상적인 세포는 제거하기 위한 프로세스로 넘어가게 되는데 이러한 과정을 면역관문(immune checkpoint)이라 한다. 그런데 면역세포의 기능이 정상적으로 작동하더라도 비정상 세포 중에 검문검색을 빠져나가기 위한 요령을 터득하는 경우가 생긴다. 혼조 교수와 앨리슨 교수가 발견한

PD-1과 CTLA-4 단백질 수용체는 원래 T 세포가 정상 세포를 공격하지 않도록 자제시키는 역할을 하는 녀석들인데, 비정상적인 세포가 돌연변이를 통해 이들을 자극할 수 있는 능력을 획득하게 되면 T 세포가 불시 검문을 하더라도 위조된 가짜 신분증을 제시할 수 있게 되는 상황이라 검문을 빠져나가 암으로 조직을 확장하게 되는 것이다. 그 면역항암제 중 하나인 면역관문억제제는 암세포가 면역세포의 검문검색을 피할 때 사용하던 가짜 신분증을 사용하지 못하게 막아 몸 안의 면역세포에 의해 제거되도록 하는 것이다. 또 다른 면역항암제로는 면역세포의 공격 능력을 높인 면역세포를 투입하는 방식도 있다. 여기서 자세한 설명은 하지 않겠으나, 더 강력한 수사 역량을 갖춘 경찰을 투입해서 기존 수사망을 피해 가던 암세포를 체포하도록 한다고 보면 쉬울 것이다.

지미 카터(Jimmy Carter) 전 미국 대통령은 대통령직을 물러난 이후 국제적으로 더 의미 있는 행보를 보였는데 북한 문제를 비롯한 여러 국제 분쟁을 중재하고 인권 신장을 위해 노력한 공로로 2002년에는 노벨 평화상도 수상하였다. 그런데 이분이 비교적 최근인 2015년 또 한번 매스컴에 주목을 받게 된 일이 있었는데, 바로 본인의 뇌까지 전이되었던 흑색종이 새로운 치료법을 통해 완치 판정을 받았다는 것이다. 이때 사용한 면역항암 치료제가 PD-L1을 타깃으로 하는 항체로, PD-L1은 혼조 교수가 발견한 PD-1을 자극하는 단백질로 암세포가 이를 표면에 발현해 T 세포의 검문을 빠져나가던 것을 막아준 것이다. 어쨌거나 당시 91세의 고령이었음에도 뇌까지 전이된 말기 암이 완치되었다는 소식은 놀라운 소식이 아닐 수 없었으며, 이런 효과가 우연히 카터 전 대통령에만 일어난 기적적인 효과는 아니었으므로 전세계 바이오 의료·제약업계는 경쟁적으로 해당 치료제의 개발에 뛰어들고 있다. 2019년 초까지 미국 식품의약국에 승인을 받은 면역관문억제제만 해도 7가지에 달하며, 이를 활용하여 치료 가능한 암 종류는 계속해서 늘어나고 있다. 또한 항암면역 치료제 시장은 2015년도 약 19조원에서 2022년도에는 86조 원까지 늘어날 전망이다.

그런데 면역항암제와 마이크로바이옴이 무슨 관계가 있을까? 면역항암제 치료시 카터 전 대통령과 같이 극적인 효과를 보이는 환자의 비율은 9~13%로 상대적으로 높지 않은데, 연구자들은 그 원인 중 한 가지를 마이크로바이옴 구성의 차이로 보고 있다. 대표적인 연구 한 가지를 소개해보면 해당 면역항암제 투여를 통해 극적인 효과를 본 환자와 효과가 미미한 환자의 장내 마이크로바이옴을 비교해보았을 때 그 구성이 상당히 다르다는 것을 알 수 있었다. 이들의 대변을 무균 생쥐에 투여해 장내 마이크로바

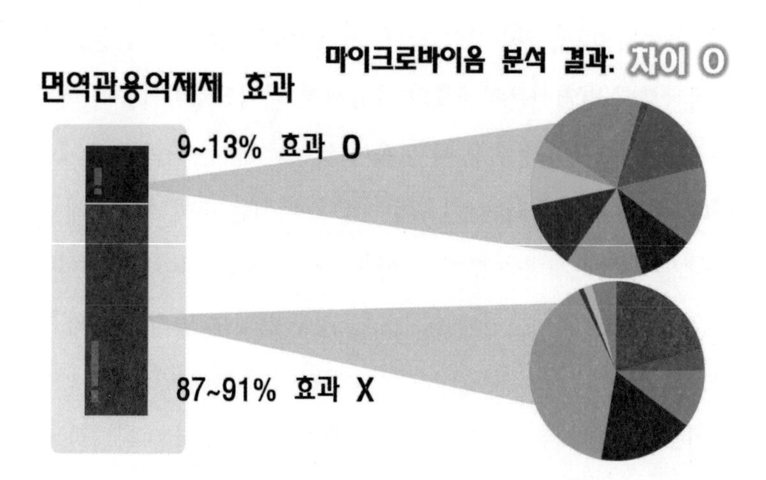

〈면역관용억제제 효과의 차이에 따른 마이크로바이옴 분석 결과의 차이 존재〉

이옴을 이식시킨 후 환자와 동종의 암세포를 생쥐의 몸에 이식하고 환자에 투여했던 면역항암제를 투여해 경과를 지켜보았다. 그 결과는 환자에서의 치료 효과와 마찬가지로 항암제의 효과가 좋았던 환자의 마이크로바이옴을 이식받은 생쥐에서의 암세포의 크기는 줄어들어 있었으나 면역항암제 효과가 미미했던 환자의 마이크로바이옴이 주입된 생쥐의 암세포는 크기가 커졌다. 이는 환자에서의 면역항암제 효과의 차이가 장내 마이크로바이옴의 구성에 의해서 영향을 받았을 것이라는 보여주는 결과다. 연구자들은 이러한 연구 결과를 근거로 장내 미생물을 활용하여 면역항암제의 효율을 높여 이를 면역항암제의 병용보조제로 개발하려는 시도를 하고 있다.

지금까지 비만, 씨디피실 감염, 자폐 스펙트럼 장애와 같은 질환에서부터 면역관문억제제의 효능까지 마이크로바이옴이 미치는 영향과 그를 활용했을 때 도움이 될 수 있다는 사례를 소개해봤다. 이것은 마이크로바이옴이 영향을 미치는 흥미로운 사례 중 극히 일부를 소개했을 뿐이다. 당장 특정 질환과 마이크로바이옴 혹은 마이크로바이오타에 대해 구글링을 해보면 엄청난 수의 연구 결과들이 쏟아져 나올 것이다. 잘만 활용하면 만병통치약이 될지도 모르겠다는 생각이 들 정도다. 다음 장부터는 이러한 마이크로바이옴의 다양한 효과를 기반으로 실제 인체에 도움이 되는 무언가를 만들어 보고자 하는 노력들에 대해서 소개해보도록 하겠다.

2장

세계가 주목하는 신성장 동력

우리 생활에 친숙한 기능성 제품

마이크로바이옴을 산업적 관점에서 보면, 기능성 제품과 치료제, 그리고 진단 · 분석 서비스라는 세 가지 카테고리로 나눌 수 있다. 이제부터 몇 가지 관련한 용어를 중심으로 각 카테고리의 산업적인 중요성에 대해 설명해보겠다.

여러분들이 흔히 먹는 요거트를 검색해보면 발효유의 일종으로 우유에 젖산균을 접종 발효시켜 응고시킨 제품 정도로 설명되어 있다. 이때 접종하는 젖산균이 대표적인 프로바이오틱스(probiotics)이다. 프로바이오틱스(probiotics)는 'Pro(호의적인)'와 'Biotics(생물에 관련된)' 뜻의 합성어로, 2001년 유엔식량농업기구(FAO)와 세계보건기구(WHO)에서 '적당량 섭취 시 숙주에게 건강상 유익한 효과를 주는 엄격히 선별된 살아있는 미생물'이라고 정의하고 있다. 쉽게 말해 먹어서 건강에 도움이 되는 살아있는 미생물을 지칭하는 말이다. 다만 기능성 제품으로 허가를 내주는 식품의약품안전처에서는 프로바이오틱스를 좀 더 구체적인 범주로 제한하고 있는데 식품의약품안전처에서 인정하는 기능성 제품으로 활용 가능한 프로바이오틱스의 범주는 다음과 같다. 기본적으로 기능성 제품에 사용할 수 있도록 허가되는 균주는 젖산간균(Lactobacillus), 젖산구균(Lactococcus), 장구균(Enterococcus), 연쇄상구균(Streptococcus), 비피도박테리아(Bifidobacteria)와 효모에 한정되어 있고, 그중에서도 유익균의 증식 및 유해균의 억제와 배변활동을 원활히 하는 것에 도움을 줄 수 있어야 하며, 일일 섭취량이 1억~100억 개(CFU; colony forming unit)이어야 하는 것으로 제한되어 있다. 발효유 제품이나 정제된 과립, 분말 등의 형태로 흔히 판매되고 있는 만큼 그 시장 규모도 이미 2019년도 기준으로 602억 달러에 이르며, 2023년도에는 766억 달러로 늘어날 것으로 관측된다.

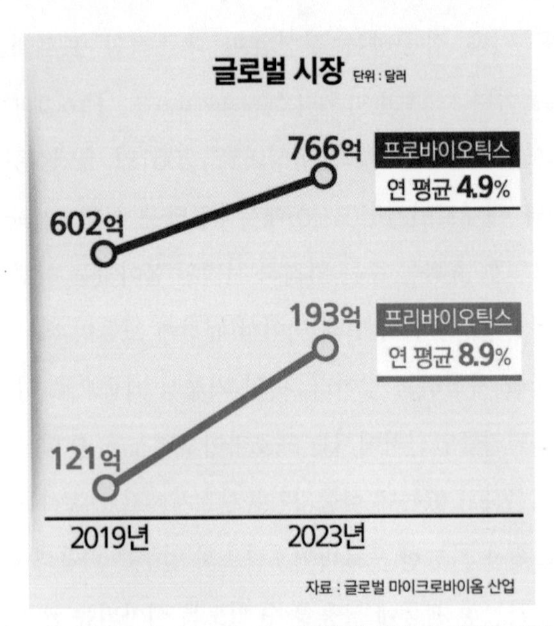

〈프로바이오틱스와 프리바이오틱스의 글로벌 시장 규모(단위: 달러),
자료: 글로벌 마이크로바이옴 산업〉

다음으로 프리바이오틱스(prebiotics)와 포스트바이오틱스(postbiotics)라는 표현이 있다. 접미사 프리(Pre-)가 '이전의'라는 뜻이고 포스트(Post-)가 '이후의'라는 뜻임을 알면 충분히 유추할 수 있는 의미로, 프리바이오틱스는 프로바이오틱스의 이전 단계, 즉 프로바이오틱스는 미생물의 먹이가 되는 영양분을 이야기하는 것이고 포스트바이오틱스는 프로바이오틱스의 다음 단계, 즉 미생물이 생산하는 숙주에 유익한 물질을 지칭하는 용어다. 프리바이오틱스로는 소화가 잘 되지 않는 탄수화물인 올리고당류(대

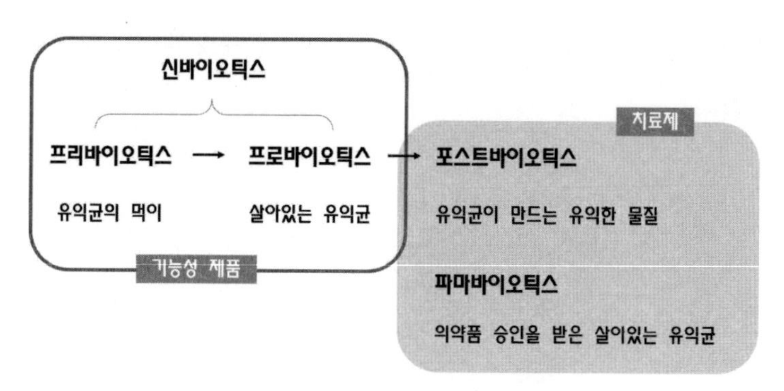

〈마이크로바이옴 산업 관련 용어 정리〉

두올리고당, 프락토올리고당, 갈락토올리고당)와 식이섬유가 대표적인 성분이다. 이러한 성분은 당근, 콩, 버섯이나 샐러리, 양배추, 고구마, 미역 등의 식품을 통해서 섭취할 수 있으나 프리바이오틱스로서의 효능을 극대화하기 위해 필요한 성분을 제품화하여 판매하고 있다. 아직 프로바이오틱스의 전체 시장 규모가 프로바이오틱스에는 한참 못 미치지만 시장의 성장률은 거의 두 배에 이르는 것으로 추산되고 있다. 최근에는 프로바이오틱스 미생물의 효과를 극대화할 목적으로 프로바이오틱스가 먹고 살기 위한 프로바이오틱스 성분을 같이 넣은 '프리바이오틱스 + 프로바이오틱스 제품'을 신바이오틱스(synbiotics)라는 용어로 지칭하고 판매하고 있기도 하다. 대개 이 정도까지를 기능성 제품의 범주로 생각하고 있으며, 앞서 언급한 것과 같이 관련 기능성 제품 시장은 이미 규모가 상당하지만 다소 포화상태고 상대적으로 높지않은 진입장벽으로 제품별 차별화가 쉽지 않아 블루오션으로 보기는 어렵다.

만병통치약이 될 수 있을까요?

포스트바이오틱스는 프로바이오틱스 다음이라는 의미에서 만들어진 용어지만 꼭 특정 프로바이오틱스에 의해서 만들어지는 산물만을 의미하지 않는다. 그보다는 좀 더 포괄적으로 장내 미생물에 의해서 생산되는 인체에 유익한 물질이라고 보면 되는데 상당히 다양한 범주의 성분들을 포함하고 있다. 예를 들어보면 음식물 분해 작용에서 언급한 식이섬유를 분해할 수 있는 효소나 그 분해 산물인 단쇄 지방산도 여기에 포함이 되고, 장내 미생물에 의해서 생산되는 비타민류나 아미노산들, 유해균의 성장을 막는 항생물질이나 심지어 과산화수소도 이 범주에 포함된다고 하겠다. 포스트바이오틱스는 살아있는 미생물을 포함하고 있지를 않아 제품의 인허가 과정이나 품질 관리의 측면에서 유리한 점이 있으나 기능성 제품으로 개발하기에는 오히려 어려움이 있을 수 있다. 따라서 성분마다 제형의 차이는 있겠으나 기본적으로 치료제의 개념에서 접근해야 할 것으로 생각된다.

파마바이오틱스(phamabiotics)라는 개념도 등장하고 있는데 'Pharmaceutical(제약)'과 'Biotics'의 합성어 정도로 생각하면 된다. 구체적으로 파마바이오틱스는 질병 치료를 위해 의료용으로 사용 가능한 살아있는 미생물을 이야기하는 것으로 이때 미생물은 기능성 제품에 사용되는 프로바이오틱스 균주만을 대상으로 하는 것이 아니라 인체 유래 모든 마이크로바이옴을 대상으로 한다. 앞에서 소개한 대변이식 치료제와의 차이점은 이식을 위해 준비하는 대변은 정확한 미생물 구성을 특정하기 어렵지만 파마바이오틱스는 특정 미생물 균주 혹은 그들의 집합체로 이루어져 있다는 것이다. 이때문에 파마바이오틱스의 제품의 품질관리가 상대적으로 용이하다는 장점이 있다. 계속 강조한 바와 같이 인체 마이크로바이옴이 온갖 질병의 발병에 관여하고 있다는 사실

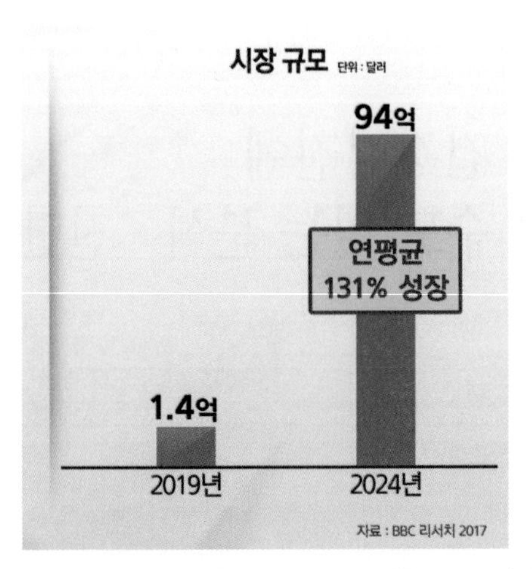

〈파마바이오틱스의 글로벌 시장 규모(단위: 달러), 자료: BBC 리서치 2017〉

은 명확해지고 있기 때문에 거꾸로 말하면 이를 활용한 치료제의 적응증은 마치 만병통치약으로 보일 정도로 그 폭이 넓다고 하겠다. 이때문에 대변이식 치료제를 포함한 파마바이오틱스 시장은 2019년도 기준으로는 아직 1억4000만 달러에 불과하지만 2024년도 예상 시장 규모는 약 94억 달러로 폭발적으로 증가하여 연평균 성장률이 약 131%에 이를 것으로 전망된다. 이러한 파마바이오틱스는 치료제이므로 제품화를 위해서는 다른 신약들처럼 임상시험 단계를 거쳐야 하는 어려움이 있지만 뒤집어 말하면 제품화가 되면 시장진입 장벽이 매우 높아 시장 형성 초기 단계인 지금이 시장 선점의 기회라고 생각해볼 수도 있다.

머잖아 건강검진에 도입될 수도 있는 분석 · 진단 서비스

분석 · 진단 서비스 분야에 대해서 언급하기 전에 배경이 되는 역사적으로 중요한 두 가지 연구에 대해 언급하고자 한다. 미국의 미생물학자인 칼 워즈(Carl Richard Woese) 박사는 1970년대 기존 방식으로는 따로 분류되지 않았던 미생물의 새로운 분류 그룹인 고세균(archea)을 최초로 정의하였다. 이때 도입한 아이디어가 유전정보를 기반으로 생물의 종을 구분할 수 있지 않을까 하는 것이었고, 생명현상에 필수적인 기능을 하는 유전자는 같은 종 내에서 DNA 염기서열이 비슷하게 보전이 되어 있을 것이고 진화적으로 유사할수록 그 차이가 크지 않을 것이라는 가정 하에 단백질 합성을 담당하는 리보솜을 구성하는 세균의 16S rRNA의 염기서열을 비교함으로써 미생물의 종을 분류할 수 있다는 개념을 도입하였다. 1990년부터 시작되어 2003년 완료되었다고 선언된 인간 게놈 프로젝트(Human Genome Project) 과정에서는 초기에 미국, 영국, 일본, 독일, 프랑스 그리고 중국을 중심으로 공공 유상으로 수행되었으나, 후발 주자였던 크레이그 벤터(J. Craig Venter)가 설립한 셀레라 게노믹스에서는 산탄총 염기서열 분석법(shot-gun sequencing)이라는 혁신적으로 적은 비용으로 빠르게 DNA 염기서열을 분석하는 방법을 개발하면서 획기적인 기술적 발전을 이루어냈다.

이후 염기서열을 이용하여 미생물의 종류를 구분할 수 있다는 개념을 기반으로 빠르고 저렴하게 DNA 염기서열을 분석할 수 있는 기술적인 발전이 접목되면서 수많은 종류의 미생물로 구성된 마이크로바이옴도 빠르고 저렴하게 분석하는 것이 가능해졌다. 이러한 마이크로바이옴의 DNA 정보를 분석하여 해당 마이크로바이옴이 어떠한 종류의 미생물로 구성되어 있는가를 확인할 수 있는 방법을 메타게놈분석(metagenomics)라고 하는데, 이를

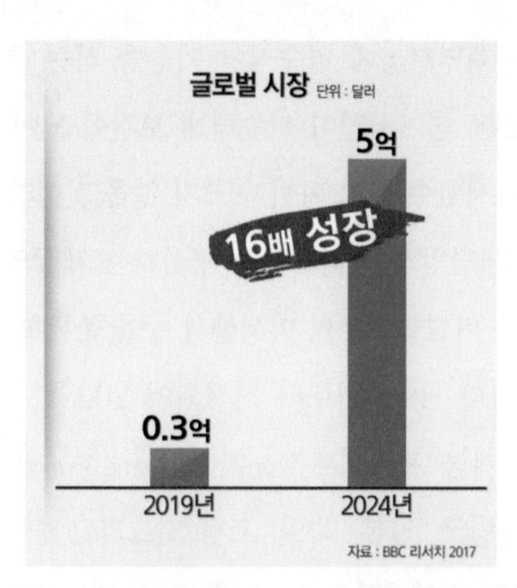

〈분석 · 진단의 글로벌 시장 규모(단위: 달러), 자료: BBC 리서치 2017〉

통해서 해당 구성원들로 이루어진 마이크로바이옴이라면 어떤 기능을 할 수 있을 것이라는 대략적인 분석이 가능하다. 최근에는 분석 기법들이 더 발달하면서 마이크로바이옴의 전령 RNA(messenger RNA)의 발현 정도를 분석하는 메타전사인자분석(metatranscriptomics) 방법뿐만 아니라 거기서 만들어지는 단백질의 종류와 양을 분석하는 메타단백질체분석(metaproteomics) 그리고 해당 미생물들이 주변 물질을 소모하여 만들어내는 대사체의 종류와 양을 분석하는 메타대사체분석(metabolomics)까지 등장하면서 다양한 종의 미생물로 구성된 마이크로바이옴이 실제로 어떠한 기능을 하는가에 대한 직접적인 분석이 어느 정도 가능해지고 있다.

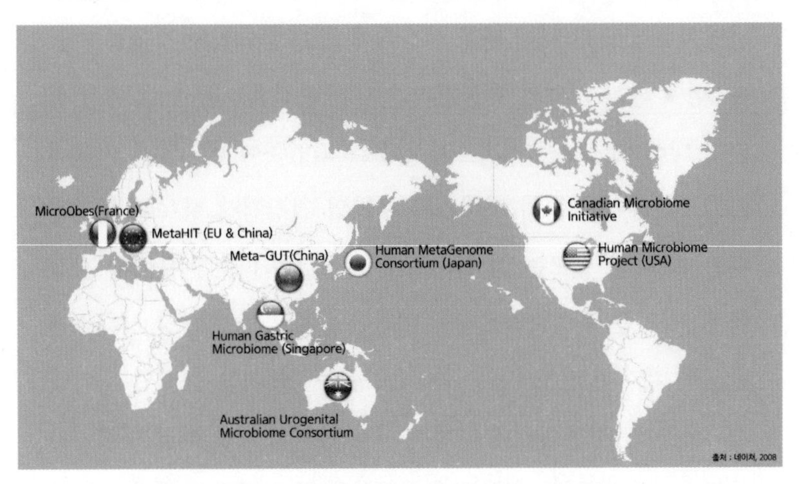

〈전 세계 마이크로바이옴 분석 컨소시움, 자료: 네이쳐 2008〉

또한 앞서 몇 가지 예시를 들었지만 여러 가지 질환의 발병이나 다양한 치료제의 효능에 마이크로바이옴이 중대한 영향을 미친다는 사실은 하루가 멀다하고 보고되고 있다. 이때문에 앞으로 마이크로바이옴의 구성이나 그들이 발현하는 RNA나 단백질 혹은 그들이 만들어내는 대사체가 해당 질환의 발병이나 치료제의 효과와 어떠한 상관관계를 갖는가에 대한 데이터가 충분히 축적된다면 마이크로바이옴에 대한 간단한 분석을 통해 특정 질환의 발병이나 치료 예후 등을 진단하는 것도 가능하게 될 것이다. 시장 분석 보고서에 따르면 마이크로바이옴 분석 · 진단 서비스 시장은 2019년도 기준으로 약 3000만 달러 수준의 아직까지 크지 않은 규모지만 2024년에는 5억 달러로 약 16배 증가할 것으로 전망되고 있으니 꽤나 빠른 성장세에 있는 분야임에는 틀림이 없다. 현재 환자 개인의 유전자 염기서열 분석을 기반으로 유전 질환에 대해 예측하는 서비스가 상용화 되었듯이 머지않은 미래에 마이크로바이옴 분석 서비스가 우리의 건강검진 항목에 도입된다면 그 시장 규모는 더 급속도로 커질 것이다. IT 분야에 강점을 갖고 있는 우리나라로서는 아직은 무주공산인 해당 서비스에 관심을 가져 볼만도 하다. 특히 해당 시장에서는 축적된 데이터가 핵심적인 경쟁력인데 다행히 시장 형성 초기인 지금 천랩이나 마크로젠과 같은 국내 회사에서 관심을 갖고 역량을 쌓아가고 있으니 이 분야의 세계적인 선도 회사가 나오는 것을 기대해 보겠다.

유명한 세계적인 R&D 사례

마이크로바이옴에 대한 세계적인 관심은 이미 십수 년 전부터 있어 왔다. 지도에 표시된 것처럼 십여 년 전에 이미 다수의 선진국에서는 국가적인 차원의 컨소시엄과 개별 프로젝트를 통해 자국민의 마이크로바이옴 구성을 조사하고자 하는 연구를 진행해 왔다. 먼저 이러한 국가적인 투자 사례로 대표적으로 마이크로바이옴 연구에 투자를 가장 많이 하고 있는 미국의 경우를 살펴보

자. 미국 국립보건원(NIH)는 인간 게놈 프로젝트를 마친 이후 차세대 대형 프로젝트로 인간 마이크로바이옴 프로젝트(Human Microbiome Project)를 2008년부터 2013년까지 진행하게 된다. 이때의 목표는 우선 건강한 성인의 인체 다양한 곳의 마이크로바이옴을 분석하여 이후 비교 분석을 위한 참조 유전체 데이터베이스를 구축하겠다는 것이다. 또한 마이크로바이옴 연구를 위한 기술과 분석 방법을 개발하여 공유하겠다는 것이었다. 이를 위해 18세에서 40세 사이의 300명의 건강한 성인을 대상으로 여러 번에 걸쳐 위 · 장관, 구강, 비강, 피부, 요도관을 비롯하여 인체 여러 장소에서 마이크로바이옴을 채집하였으며 16S rRNA 염기서열분석과 산탄총 염기서열분석을 통해 2,200개가 넘는 참조 균주의 염기서열을 분석하였으며 관련한 정보와 분석 도구는 온라인을 통해 공개하고 있다.

연이어 진행된 후속 프로젝트는 통합 인간 마이크로바이옴 프로젝트(integrative Human Microbiome Project)라는 명칭으로 2014년부터 2019년까지 수행되었다. 이때는 건강한 성인이 아닌 임산부와 신생아 혹은 제2형 당뇨병이나 염증성 장 질환으로 처음 판정받은 환자를 대상으로 하였다. 해당 대상 군으로부터 일정한 기간에 걸쳐 모아진 샘플은 메타게놈분석뿐만 아니라 메타전사체분석, 메타단백질체분석, 메타대사체분석을 통해 마이크로바

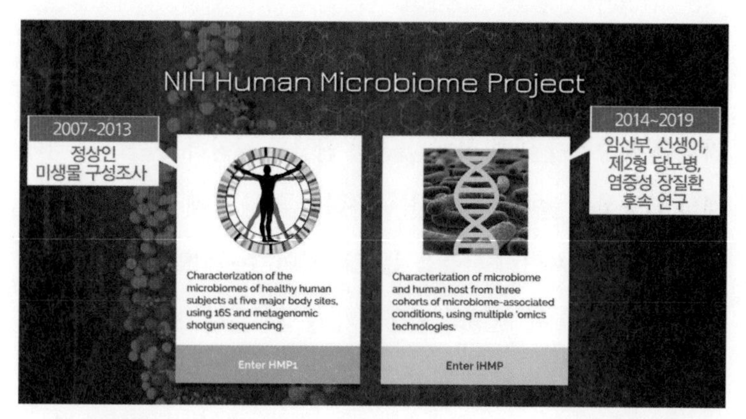

〈미국 NIH 인간 마이크로바이옴 프로젝트, 이미지 출처: HMP 홈페이지〉

이옴에 관련한 정보를 수집하였고 인체에서 발현하는 면역 관련 단백질의 발현도 분석하여 통합적으로 데이터를 해석하고자 하였다. 이를 통해 2단계 프로젝트에서는 임신과 조산에 있어서의 마이크로바이옴의 역할과 생애 초기의 마이크로바이옴 구성의 변화 양상을 밝히고자 하였고, 특정 질병과 인체 마이크로바이옴의 변화 간의 연관성을 밝혀 해당 질병의 발병에 있어서 마이크로바이옴의 역할을 밝히고자 했다. 선행 프로젝트와 마찬가지로 관련된 데이터와 분석 도구는 온라인을 통해서 공개하고 있다. 이 두 개의 프로젝트에만 미국 국립보건원에서 약 2,000억원 가량의 연구비가 투입하였다.

이에 더하여 미국의 전임 오바마 정부는 임기 중 마지막 국가과학프로젝트로 국가 마이크로바이옴 이니셔티브(National

Microbiome Initiative)라는 계획을 발표하였는데, 인체 내 마이크로바이옴뿐만 아니라 작물이나 가축 내에서의 마이크로바이옴의 역할을 규명하기 위한 학제간 공동 연구를 지원하고 관련 지식에 대한 접근성을 높이고 내용을 공유하기 위한 플랫폼 기술을 개발하며, 관련 전문 인력 확충을 목표로 하여 추진되었다. 이를 위해 2년간 1,500억 원 가량의 연구비가 투입되었다. 또한 미국 정부에서는 마이크로바이옴 범정부 실무 그룹(Microbiome Interagency Working Group)을 만들어 정부 투자 연구의 중복 투자 방지 및 효율성 극대화를 위한 다학제간 연구 강화, 마이크로바이옴 정보 공유를 위한 플랫폼 개발, 마이크로바이옴 전문가 육성 지원이라는 원칙을 기반으로 한 범부처 전략계획을 수립하고 2018년부터 2020년까지 관련 계획을 적극적으로 추진하고 있다.

글로벌 스타트업의 출현과 제약사와의 합종연횡

앞서 언급한 국가 주도의 연구 결과들을 기반으로 마이크로바이옴을 기반으로 한 치료제 개발이라는 목표로 수많은 스타트업 회사들이 생겨났다. 주목해볼 만한 바이오텍들을 언급해보면 미국에서는 세레즈(Seres therapeutics), 리바이오틱스(Rebiotix), 베단다(Vedata Biosciences), 이벨로(Evelo) 같은 연구력이 탄탄한 스타 회사들이 있고, 유럽에서도 포디파마(4D Pharma), 엔테롬

(Enterome), 옥스테라(OxThera) 등의 회사가 괄목할 만한 성과를 내고 있다. 국내에서도 고바이오랩, 지놈앤컴패니, 쎌바이오텍, 메디톡스, MD헬스케어 등 몇몇 회사가 치료제 개발에 뛰어든 상황이다.

글로벌 제약사들의 경우는 마이크로바이옴 치료제 개발에 직접 나서는 경우보다는 자신들의 신약 개발의 경험과 세계적인 공급망 그리고 자본력을 앞세워 관련 이론과 연구력이 뒷받침되는 스타트업에 투자를 통한 파트너쉽을 맺고 마이크로바이옴 치료제 개발에 뛰어드는 경우가 많다. 몇 가지 사례를 언급해보면, 존슨앤존슨(J&J)의 경우 J랩이라는 바이오 벤처 인큐베이팅 시스템을 운용하고 있는데, J랩을 졸업한 베단타 바이오사이언스(Vedanta biosciences)의 마이크로바이옴 기반 신약에 가능성을 보고 투자를 통해 2015년부터 염증성 장 질환 치료제를 공동개발하고 있다. 해당 투자액은 최대 3억3천9백만 달러로 실제 2018년에는 임상 1상에 진입하면서 이에 대한 마일스톤으로 1200만 달러를 지불한 바 있다. 보톡스 개발 업체로 유명한 앨러간(Allergan)은 2017년 전임상 단계에 있는 어셈블리 바이오사이언스(Assembly biosciences)의 염증성 장 질환과 과민성 대장 증후군 관련 후보물질의 개발과 상업화된 이후 전 세계 독점권 및 미생물을 장내 원하는 부위까지 전달하는데 필요한 마이크로바이옴

〈글로벌 제약사와 스타트업의 합종 연횡, 자료: 글로벌데이타 2018〉

개발 프로그램 기술을 공유하기 위한 계약을 체결했다. 이를 위해 확정 계약금으로 5천만 달러를 지급하고 이후 단계별 마일스톤 및 이후 매출에 대한 로열티를 지급하기로 했다. 네슬레 헬스 사이언스는 2016년에 세레즈 쎄라퓨틱스에 6500만 달러를 투자하여 씨디피실 감염을 막기 위한 치료제를 개발 중이다. 또한 네슬레는 2016년 마이크로바이옴 관련 질병 치료제 개발을 추진하는 엔터롬 바이오사이언스(Enterome Biosciences)에도 직접 투자하고, 2017년에는 마이크로바이옴 진단 파트너스(Microbiome Diagnostic Partners)라는 마이크로바이옴 진단법 개발을 위한 합작 회사를 설립했다. 게다가 존슨앤존슨(J&J), 브리스톨-마이어스스퀴브(BMS) 등도 엔터롬의 또 다른 질환을 대상으로 한 후보물질의 연구 · 개발을 위해 제휴를 맺고 있다. 애브비(Abbvie)의 경우도 2016년부터 신로직(Synlogic)과 마이크로바이옴 기반 경구용 염증성 장 질환 치료제를 개발 중이다. 화이자(Pfizer)는 2014년부터 세컨드 게놈(Second Genome)에 투자하여 염증성 장 질환을 비롯한 신진대사 및 비만 질환에 대한 마이크로바이옴 기반 치료제 개발을 협업하고 있다. 스위스 제약사 페링(Ferring Pharmaceutical)은 아예 2018년 리바이오틱스(Rebiotix)를 인수하여 현재 임상 3상 진행 중인 씨디피실 감염 치료제를 비롯한 마이크로바이옴 기반 치료제 개발에 박차를 가하고 있다. 국내의 사례도 있는데 고바이오랩은 대기업인 CJ제일제당으로부터 40억 원의 투자를 받아 공동 연구 개발의 발판을 마련하였다.

이상은 일부의 사례를 소개한 것에 불과하다. 앞으로도 마이크로바이옴 시장 선점이라는 동일한 목표하에 마이크로바이옴에 특화된 기술력을 가진 스타트업과 자본과 경험을 가진 대형 제약사(혹은 대기업) 간의 활발한 합종연횡은 계속해서 이루어질 것으로 예상된다.

마이크로바이옴 치료제의 스펙트럼

한 가지 기억해둘 것은 마이크로바이옴 기반 치료제의 종류는 다양하다는 것이다. 앞서 언급한 프리/프로/포스트/신/파마바이오틱스는 현재 시장이 형성되어 있는 프로바이오틱스를 중심으로 제품 군을 구분 짓기 위해 생겨난 용어이다. 그중 파마바이오틱스가 의약품 수준에 해당하는 것으로 이는 특정한 단일 유익균 혹은 몇 가지가 섞인 복합 균주를 사용한 마이크로바이옴 치료제의 한 종류이다. 이외에도 마이크로바이옴 기반 치료제라고 하면 대변이식과 같은 전체 미생물을 이식하는 치료제도 있고, 특정 균주를 없애는 치료제도 있다. 또한 마이크로바이옴과 인체의 상호작용에 영향을 미치기 위한 치료제도 마이크로바이옴 기반 치료제로 분류할 수 있다. 구체적인 예를 들어 설명해보면, 리바이오틱스의 씨디피실 감염 치료 후보물질은 건강한 사람에게서 제공받은 대변을 기반으로 만들어 낸 것이고, 세레즈에서 면역항암제의 병용치료제로 개발 중인 후보물질은 특정하게 선택된 균주들의 조합으로 구성되어 있다. 단일 미생물 균주를 사용하는 경우도 있는데, OSEL이 개발 중인 요로감염 치료 후보물질은 사람에게서 유래한 젖산간균(Lactobacillus crispatus) 한 종류를 기반으로 하고 있으며, 신로직이 개발하는 마이크로바이옴 치료 후보물질의 경우에는 특정한 기능을 수행하게 하거나 치료물질을 전달할 수 있도록 미생물을 유전적으로 개량하여 치료 효과를 극대화한 것이다. 여기까지 소개한 것들을 살펴보면 각각의 장점과 단점이 있지만 공통적으로 유익한 마이크로바이옴을 추가하여 효과를 보고자 하는 방식이다.

이와 반대로 마이크로바이옴 중에서 우리 몸에 유해한 미생물을 제거함으로써 치료 효과를 내고자 하는 방식도 있다. 바이옴X(BiomX)는 박테리오파지(Bacteriophage)라는 세균의 바이러스를 활용하여 특정한 유해균을 제거하는 치료제를 개발하고 있으며, 파일럼 바이오사이언스(Pylum Biosciences)는 일부 공생세균이 경쟁 세균을 죽이는데 사용하는 박테리오신(bacteriocin)을 개량한 단백질을 활용하여 특정 유해균을 죽이는 치료제로 개발하고 있다.

또한 마이크로바이옴 자체가 아니라 인체와의 상호관계를 조절하는 것을 목표로 하는 치료제도 있는데, 역시 예를 들어보면, 엔터롬이 개발 중인 염증성 장 질환인 크론병 치료제는 유해균이 장내 상피세포에 결합하는데 사용하는 부착 단백질에 결합하여 기능을 못하게 하는 저분자 물질이다. 이를 통해 유해균이 장내 상피세포 표면에 부착하는 것을 막고 이로 인해 해당 유해균이 내부로 침투하지 못하게 함으로써 염증성 장 질환을 치료하는 것을 목적으로 하고 있다.

이처럼 개발 중인 개개의 치료제를 살펴보면 조절하고자 하는 목표도 완전히 다르고 그 방식도 완전히 다르다. 앞으로 마이크로바이옴 기반 치료제란 마이크로바이옴 구성을 바꿔주거나 마이크로바이옴과 인체가 상호작용하는 것을 모방하거나 조절하기 위한 치료제를 모두 포함하는 개념이라는 것을 염두해둘 필요가 있다.

마이크로바이옴 치료제 어디까지 왔나?

개발되고 있는 마이크로바이옴 기반 치료제가 치료하고자 하는 질환의 종류를 살펴보면 위 · 장관 질환이 가장 많고 이외에 감염, 종양, 면역, 피부, 대사, 신경, 호흡기, 유전, 골격 순으로 이루어져 있다. 위 · 장관 질환 치료를 위한 후보물질이 많은 것은 아무래도 대부분의 마이크로바이옴 치료제가 위 · 장관에 투여하는 것이다 보니 직접적인 효과를 기대하기 쉽기 때문일 것이

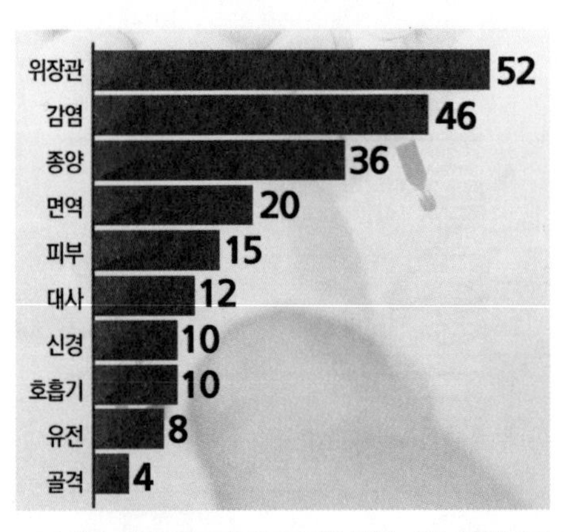

〈마이크로바이옴 기반 치료제 목표 질환 분류, 글로벌데이타 2018〉

다. 하지만 앞서 소개한 바와 같이 장내 마이크로바이옴이 다양한 질환과 관련 있는 것처럼 개발 중인 후보물질들도 다양한 종류의 질환을 대상으로 하고 있음을 알 수 있다. 해당 조사가 2018년도에 이루어졌음을 감안하면 현재는 훨씬 더 많은 마이크로바이옴 기반 치료제가 개발되고 있을 것이다.

다만 아직까지 모든 임상시험을 마치고 치료제로 판매 승인된 제품은 없으며, 2018년도 9월을 기준으로 총 5개의 제품이 임상 3상 단계의 검증에 들어가 있어 마이크로바이옴 기반 치료제 개발에 있어 가장 선두에 있다. 해당 제품을 나열해보면 AO바이옴 쎄라퓨틱스의 여드름치료제(B-244), 리바이오틱스의 씨디피실 감염 및 감염성 설사 치료제(RBX-2660), 세레즈 쎄라퓨틱스의 시디피실 감염 치료제(SER-109), 옥스쎄라의 원발성 과옥산산뇨

〈임상 3상 단계에 있는 마이크로바이옴 기반 치료제와 해당 기업,
자료: 글로벌데이타 2018〉

증 치료제(Oxabact), OSEL의 요로감염 치료제(LACTIN-V)가 있다. 조만간 이들 중에 성공적으로 임상을 마무리하고 의약품으로 판매 승인을 받을 최초의 마이크로바이옴 기반 치료제가 나올 것으로 기대하고 있다.

앞서 언급했지만 국내에서도 치료제 개발을 위해 노력하는 기업들이 있다. 고바이오랩은 호주에서 자가면역 질환을 대상으로 한 마이크로바이옴 치료제로 2019년 임상시험을 승인받았으며 2020년까지 임상 1상을 마무리 할 계획으로 있고, 지놈앤컴퍼니는 미생물 자체를 활용한 항암 치료제로 2019년 하반기 미국 임상을 위한 임상시험계획을 제출할 예정이다. 쎌바이오텍도 유산균을 기반으로 한 대장암 치료제로 전임상을 마치고 임상에 들어가기 위한 준비 중에 있으며, 메디톡스와 MD헬스케어를 비롯한 몇몇 기업들이 자신들이 가지고 있는 후보 균주 혹은 후보물질을 가지고 다양한 질환의 치료 목적으로 전임상 단계의 연구 중에 있다. 비록 국내의 관련 기업들이 마이크로바이옴 기반 치료제 개발에 있어 세계적으로 선도하는 상황은 아니지만 외국에서도 아직 최초의 승인된 치료제를 기다리고 있는 만큼 어느 누구도 관련 시장에서의 주도권을 잡지 못한 단계이므로 충분히 우리도 도전해볼 만한 시장이다.

3장

왜 우리가 주목해야 하는가?

신토불이
마이크로바이옴

그렇다면 왜 우리가 마이크로바이옴에 주목해야 할까? 지구촌은 지역마다 인종, 식습관, 자연환경, 생활 패턴 등이 다르다. 마이크로바이옴의 구성을 살펴봐도 지역별로 차이가 있다는 것은 잘 알려져 있다. 여러 보고에 의하면 세계 각국 오지에 살면서 원시적인 생활을 유지하는 사람들이 도시에 거주하는 사람들보다 훨씬 더 많고 다양한 마이크로바이옴을 보유하고 있다.[12] 그렇다면 먹는 음식을 비롯하여 생활환경이 마이크로바이옴 구성에 정말 중요한 영향을 미칠까? 같은 동족이고 지역적으로 근처에 거주하지만 수렵생활을 하는 종족과 농사를 짓고 사는 종족의 마이크로바이옴을 비교해보면 구성에 큰 차이를 보인다.[13] 또한 미국으로 이민을 간 태국인과 여전히 태국에 거주 중인 그들의 친인척의 마이크로바이옴을 비교해 봤을 때 미국으로 이주한 사람들의 마이크로바이옴의 종 다양성이 떨어지고 구성하는 세균의 종류도 달라진다는 것이 보고되었다.[14] 또한 그러한 경향은 미국에서 태어난 이민 2세에서 더 뚜렷하게 나타났다. 마이크로바이옴의 다양성이 건강과 어떠한 관계가 있는 것일까? 마이크로바이옴 다양성이 낮은 것이 병약한 것의 원인일까? 아니면 단순한 결과일까? 사실 아직까지 마이크로바이옴의 다양성이 부족해서 질병이 잘 걸린다는 연구 결과는 발표된 것이 없으니 다양성의 의미에 대한 언급은 하지 않겠다. 어쨌거나 우리가 갖고 있는 마이크로바이옴의 구성에 생활환경이 중요한 것은 사실이다. 하지만 꼭 환경만 중요한 것은 아니다. 여러 논문을 통해 유전적인 요인도 마이크로바이옴 구성에 중요한 영향을 미친다고도 보고되어

---

12)Yatsunenko T *et al.*, Nature 2012;486:222-7

13)Gomez A *et al.*, Cell Reports 2016;14:2142-53

14)Vangay P *et al.*, Cell 2018;175:962-72

15)Goodrich JK *et al.*, Cell 2014;159:789-99, Blekhman R *et al.*, Genome Biol 2015;16:191

있으니 분명히 인종에 따른 차이도 있을 것이다.[15] 결국 이를 뒤집어 이야기하면 우리나라에 거주하고 있는 한국인은 다른 인종의 사람들이나 다른 지역에 있는 한국인과는 구분되는 고유한 마이크로바이옴 구성을 가지고 있을 것이라는 이야기이다. 이는 마이크로바이옴 연구에 있어서 마이크로바이옴의 보편적인 역할에 대한 결과도 중요하겠지만 지역적으로 혹은 개인적으로 가지고 있는 마이크로바이옴의 구성에 의한 차이도 관심을 가질 필요가 있는 것이다. 일종의 신토불이(身土不二)와 비슷한 개념일 것 같은데 한국인에 좋은 마이크로바이옴 구성이나 특정 유익균이 외국인이나 외국에 사는 한국인과 다를 수 있다는 것이다. 따라서 마이크로바이옴 기반의 기능성 제품이나 치료제를 적용하는데 있어서 한국인 고유의 마이크로바이옴 구성을 파악하고 그에 적합한 방식을 도입할 필요성이 있는가를 고려해볼 필요가 있다는 것이다. 귀찮은 과정일 수도 있지만 거꾸로 말하면 외국 연구 결과를 우리에게 도입하는데 있어서 한국인의 고유성이 고려되어야 하는 여지가 있으므로 우리만의 경쟁력을 가질 수 있는 또 다른 가능성을 의미한다.

개인 맞춤형 마이크로바이옴

한국인 고유의 마이크로바이옴 더 나아가 개인별 마이크로바이옴의 차이에 대한 활용 방식에 대해서 생각해 보겠다. 요즈음 의료계의 화두 중 하나는 개인 맞춤형 정밀의료이다. 환자 개개인의 유전체 등 오믹스 분석 결과를 활용해 특정 질병의 진행 정도에 대한 예측과 특정 약물의 효과 등을 미리 예측하는 것이다. 이를 위해 빅데이터와 딥러닝을 활용하여 예측력을 높이고자 하

〈개인 맞춤형 정밀의료와 카페의 컨셉의 결합〉

는 시도가 활발히 이루어지고 있다. 하지만 아직까지는 유전체나 단백질체 등 인체의 정보를 수집하여 맞춤 의약품이나 치료법을 결정하고 있는데, 앞서 기술한 것처럼 마이크로바이옴이 인체에 미치는 영향을 감안한다면 앞으로는 맞춤형 의료를 위한 정보로 마이크로바이옴에 대한 분석 정보도 포함되어야 할 것이다.

잠시 화제를 바꿔 유한양행에서 오픈한 카페를 소개해 보겠다. 당장 '제약회사가 왠 카페?'라는 의문이 들 것이다. 몇 가지 음료와 음식을 통해 건강한 식품을 제공하면서 동시에 건강식품 상담 공간도 마련해 자신들이 생산하는 건강식품을 판매하기 위한 컨셉 스토어 정도로 생각하면 참신하다는 정도로 이해가 된다. 어쨌거나 카페에 들어서면 건강식품에 관한 상담을 받을 수 있는데 건강에 대한 상담과 함께 비타민과 프로바이오틱스 제품들에 대한 소개와 비타민과 프로바이오틱스의 시식을 할 수 있다. 카페 오픈 초기에는 비타민 C, D, 밀크씨슬, 프로바이오틱스 등의 서플리먼트 토핑을 제공하여 손님이 직접 해당 건강기능식품을 갈아서 첨가하여 먹을 수도 있었다고 한다. (제도적인 보완은 해야겠지만) 마이크로바이옴과 그 역할에 대한 데이터가 많이 쌓여 맞춤형 의약에 활용될 정도가 되고 가까운 미래에 자신의 마이크로바이옴 정보를 수시로 확인할 수 있게 된다면 우리들은 카페에 들러 내가 부족한 유익균을 포함한 음료를 한잔 주문하여 마시거나 식사에 토핑으로 올려 보충할 수 있지 않을까? 물론 심각한 상황이라면 병원에서 처방받은 맞춤형 마이크로바이옴 치료제를 약국에서 구입해서 복용해야 하겠지만 말이다. 자동차가 머리 위로 날아다니고 로봇이 우리의 육체노동을 대체하는 것만이 미래에 일어날 일이 아니다. 그보다 생활 속에서 우리 개개인의 맞춤형 마이크로바이옴 제품을 제공받게 되는 상황이 우리의 미래에 더 가까워 보인다. 이제부터 이런 미래를 충분히 고민하고 미리 준비하기 위한 노력을 시작해보는 것이 좋지 않을까?

돈은 될까?
우리의 가능성은?

개인별 특성을 고려한 산업의 가능성을 살펴보자. 제대혈은 출산 시 탯줄에서 뽑아낸 피를 말하는데 출산 전 제대혈 은행과 계약을 맺고 분만을 담당하는 의사가 출산 시 제대혈을 채취해 준다. 채취한 제대혈은 보관업체로 옮겨져 계약된 기간만큼 액체질소 탱크에서 보관된다. 제대혈은 백혈병, 재생불량성빈혈 등 조혈모세포를 활용하여 치료 가능한 질병이 발생할 것을 대비해

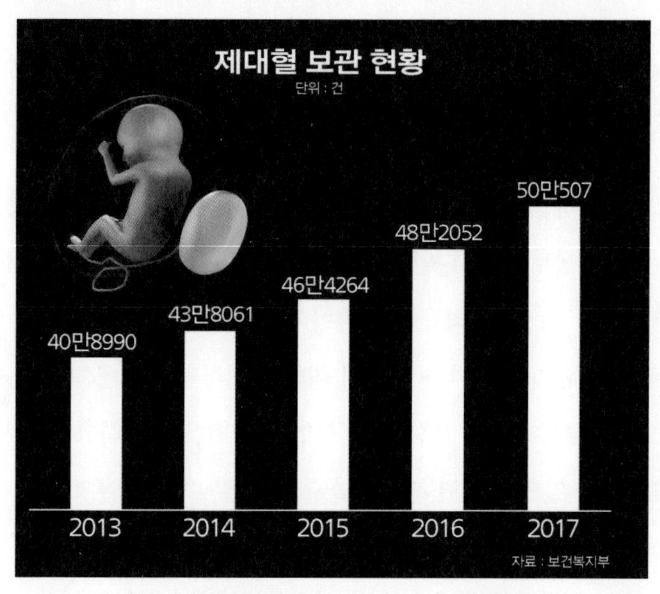

〈국내 제대혈 시술 건수(단위: 건), 자료: 보건복지부〉

보관하게 된다. 골수에서 조혈모세포를 얻어서 치료할 수도 있지만 제대혈을 채취하는 것이 더 수월하고 출생 시 채취하게 되므로 다른 병원체에 감염되어 있을 가능성이 낮은 등의 장점이 있다. 제대혈 보관 건수는 2013년도 약 41만 건에서 2017년도에는 50만 건이 넘어 꾸준한 성장세에 있으며, 해당 시장 규모는 약 600억 원이 넘을 것으로 추산된다. 하지만 조혈모세포로 치료가 가능한 질병이 발병할 확률이 낮은데다가 상황에 따라 골수 조혈모세포의 치료 효과가 더 큰 경우도 있어 본인이 보관한 제대혈을 자신이 사용하는 비율은 0.1%도 되지 않는다. 따라서 제대혈 시장은 실질적인 활용 가능성을 기대해서라기 보다는 혹시나 하는 부모의 마음을 활용한 불안 마케팅 시장에 가깝다 하겠다.

그에 비하면 마이크로바이옴은 앞서 지속적으로 보여준 것과 같이 제대혈보다 더 다양한 질환을 치료하는데 사용될 가능성이 높다고 할 수 있다. 최근에 대변이식의 부작용 사례도 그렇고 일반적으로 환자들이 다른 사람의 대변을 이식받는 것에 대한 거부감도 있어서 자신이 건강할 때 본인의 대변을 보관하고 이를 이식받을 수 있게 된다면 거부감을 훨씬 줄일 수도 있어 비용을 지불하게 할 충분한 유인 요인이 있다. 제대혈 시장과의 비교가 단순 비교이긴 해도 대변 치료의 적용 범위를 생각해보면 꽤 매력적인 시장임에는 틀림 없다. 또한 대변 은행은 단순 대변을 보관하는 사업을 넘어 추가적인 마이크로바이옴 관련 치료제 개발의 기반이 될 수도 있을 것이므로 더 큰 활용 가능성도 갖고 있다.

우리가 마이크로바이옴 기반 치료제에 주목해야 하는 또 다른 이유는 바이오 산업에 대한 우리나라의 역량을 활용할 수 있을 것이기 때문이다. 전통적인 제약산업은 그 진입 장벽이 높아 우리나라 제약산업은 해외 제품의 수입 판매나 복제약의 제조 · 판매 정도 수준에 머물러 있었다. 규모의 경쟁에 밀릴 수밖에 없는 국내 제약업계가 하나의 신약이 최종적으로 판매 승인을 받기까지 평균 12년 이상이 걸리고 평균 1조7천억 원이 들지만 성공확률은 0.02%에 불과한 신약개발 사업에 뛰어든다는 것은 구조적으로 불가능했다. 하지만 바이오시밀러만큼은 시장 형성 초기부터 잘 준비한 셀트리온이나 삼성바이오가 독보적인 성과를 일구고 있다. 바이오시밀러란 바이오 의약품의 복제약을 의미하는데 오리지널 바이오 의약품의 특허가 종료되면서 이에 대한 복제약을 만들어 동등한 효능을 입증하여 판매할 수 있는 새로운 시장이 생긴 것이다. 이러한 바이오시밀러 의약품은 화학약품보다 고차원적인 기술적인 뒷받침이 되어 있어야 하는데 그간 바이오 분야에 역량을 축적해 온 우리나라가 적기에 뛰어들 수 있어 좋은 성과를 내게 된 것이다. 특히 복제의약품에 상대적으로 친화적인 유럽에서 큰 성과를 올리고 있다. 구체적인 숫자를 살펴보면, 셀트리온은 자가면역 치료제인 인플릭시맵의 바이오시밀러 '램시마'를 2014년부터 판매를 시작해 현재 유럽 시장에서 50%의 시장 점유율을 보이고 있으며, 혈액암 치료제로 사용되는 리툭시맙의 바이오시밀러인 트룩시마도 2017년도부터 판매를 시작해 2018년도에 이미 30% 이상의 시장 점유율을 보였다. 삼성바이오는 자가면역 질환 치료에 사용되는 에타너셉트의 바이오시밀러 '베니팔리'가 2019년도 1분기 시장 점유율이 40%가 넘어 조만간 오리지널 제품인 화이자의 '엔브렐'을 추월할 것으로 보

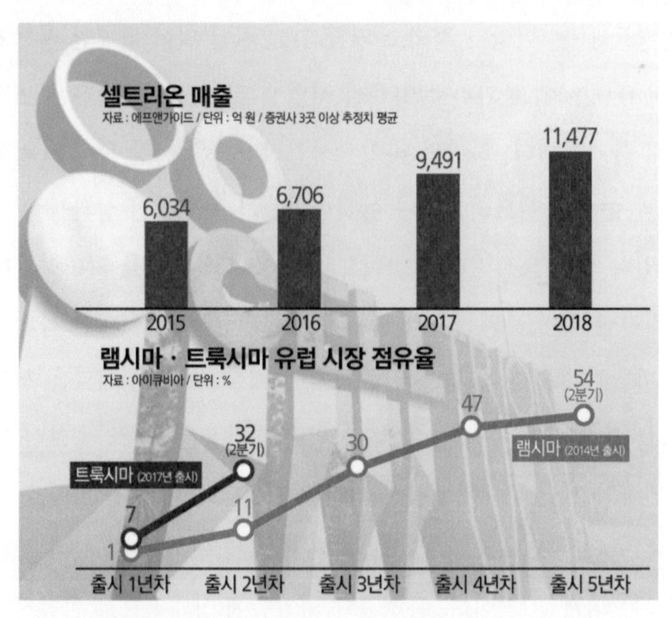

〈셀트리온 매출(단위: 억원) 및 램시마 · 트룩시마 유럽 시장 점유율(단위: %),
자료 에프엔가이드 / 아이큐비아〉

인다. 이러한 성과는 그만큼 우리의 바이오 분야의 연구 · 개발 역량이 뒤쳐지지 않는다는 것을 의미한다고 하겠다. 마이크로바이옴 치료제는 선두권에 있는 제품이 이제 임상 3상에 있다. 매우 초기 단계에 있는 만큼 치밀하게 준비하고 대응한다면 제2의 셀트리온, 삼성바이오가 나올 수 있는 분야이다. 덧붙여 우리나라는 연간 5만2천 명의 바이오 관련 학과 졸업생과 3천5백 명의 의사가 신규 배출되고 있는데 이러한 인재를 활용할 수 있는 마

16)박정태, 바이오의약 전문 인력 육성 현황, BioINpro, 2018:52

이크로바이옴 기반 치료제 시장은 우리 미래 먹거리로서 관심을 가져볼 충분한 가치가 있는 분야라 하겠다.[16)]

4장

무엇을
준비해야 하는가?

부족한 우리의 현실

우리 정부도 마이크로바이옴 관련 연구에 일부 지원을 해왔다. 기초과학연구원(IBS) 산하 면역미생물공생연구단이 선정되어 2012년부터 2019년까지 총 65억 가량의 예산을 지원받았다. 이를 기반으로 포스텍 안에 우리나라 최초의 무균동물 시설을 만들어 운용하면서 마이크로바이옴과 관련된 연구를 수행해 왔다. 이외에도 2016년도부터 과학기술정보통신부에서는 2016년도

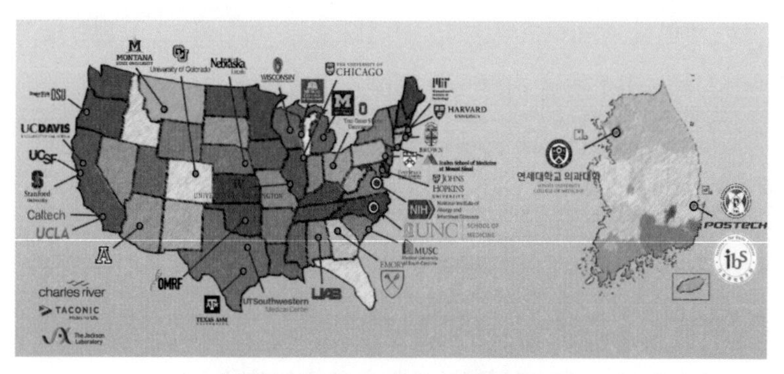

〈미국과 한국의 무균동물 시설 분포 비교〉

부터 바이오 · 의료기술개발사업 내 첨단GW바이오 사업으로 매년 2~5건의 과제를 선정해 최대 5년간 연간 3~10억 가량을 지원해왔다. 적지 않은 금액임에는 틀림이 없으나 마이크로바이옴의 기능적인 연구에는 무균동물의 활용이 뒷받침되어야 보다 수준 높은 연구가 가능하다는 점은 감안하면 해당 지원만으로는 마이크로바이옴의 차이만을 분석하는 연구 내지는 기초적인 수준의 기능 확인 연구만 가능한 것이 현실이다.

핵심적인 연구 시설이라 할 수 있는 무균동물 시설의 분포를 미국과 비교해보면 현격한 차이가 난다. 지도에 표시한 무균동물 시설 분포가 공식적인 조사 통계가 없어 인터넷 서핑을 통해 일일이 찾아서 표기한 비공식적인 조사이긴 하지만 미국은 연구 역량이 있다고 판단되는 주에 상당수의 유명 대학과 동물공급회사 그리고 국립보건원에서도 해당 시설을 운용하고 있음을 알 수 있다. 반면에 우리나라에는 두 군데의 운용 시설이 있을 뿐인데, IBS 사업단이 속해 있던 포스텍에서 운용되고 있는 무균동물 시설은 IBS 연구단장의 작고로 연구단에 대한 지원이 최종 중단되기로 결정이 되면서 해당 시설의 유지를 담보할 수 없는 상황이고, 최근에 운용이 시작된 연세대 의과대학의 무균동물실은 작은 규모로 운용될 뿐이다. 이처럼 마이크로바이옴 관련 수준 높은 연구를 위한 기반이 부족한 것이 우리의 현실이다.

해외에서 들려온 암울한 소식

2013년 5월 미국 식품의약국은 대변이식에 사용되는 대변을 인체 유래조직이 아닌 약물로 간주하여 비슷한 수준의 규제를 하겠다는 안을 발표했었다. 대변이식을 표준화하여 안전성을 확보하겠다는 명분이었는데, 그렇게 되면 대변이식을 할 때마다 신약 승인신청서(investigational new drug; IND)을 제출하고 승인을 받아야 하므로 대변이식이 현실적으로 어려워지는 문제가 있다. 따라서 학계 전문가들은 이구동성으로 우려를 표명하였고, 결국 미국 식품의약국은 씨디피실 감염에 한해서 대변이식술에 대해 IND 제출을 강제하지 않겠다는 예외를 인정하기로 하였다. 예외 상황을 인정하기는 했지만 대변이식의 안전성에 대해 보수적인 태도를 보이는 미국 식품의약국은 비영리 대변 은행인 오픈바이옴이 수행하는 대변의 수집과 보관과정에도 적극적으로 개입하여 안전성을 모니터링하고 있다.

그런데 설상가상으로 2019년 6월 불행한 소식이 뉴스를 통해 보도되었다. 미국 식품의약국의 발표에 의하면 임상시험으로 대변이식을 받은 환자가 여러 항생제에 내성을 갖는 다제내성균의 감염으로 인한 부작용으로 사망했다.[17)] 구체적으로 설명해보면 한 기증자의 대변에 광범위 베타락탐계 항생제 분해효소를 분비하는 대장균이 포함되어 있었는데 이를 사전 검사를 통해 걸러내지 못하고 면역력이 저하되어 있던 두 명의 환자에게 해당 대변을 이식해 심각한 부작용이 나타나게 되었으며 그중 한 명이 사망한 것이다. 이로 인해 미국 식품의약국은 대변이식술을 중단할 것을 권고하였고 상당수의 시험이 중단된 것으로 알려졌다. 모든 마이크로바이옴 기반 치료제의 규제가 강화되는 상황은 아니나

17)대변이식 환자 사망 관련 미국 FDA의 대변이식에 관한 경고 페이지.
https://www.fda.gov/vaccines-blood-biologics/safety-availability-biologics/important-safety-alert-regarding-use-fecal-microbiota-transplantation-and-risk-serious-adverse

최소한 대변이식 치료 방법은 당분간 여러 규제를 피하기는 어려워 보인다.

그렇다고 주저앉아 있을 수는 없다

그렇다면 어떻게 해야 할 것인가? 우리 속담에 '구더기 무서워 장 못 담글까'라는 말이 있다. 일부 부작용 사례가 있다고 해서 전체 연구 · 개발을 주저해서야 되겠는가. 그보다는 선도 국가가 되기 위해 더 안전하고 신뢰성 있는 개발 과정을 수립하는 게 낫지 않겠는가.

분명 마이크로바이옴을 기반으로 한 산업은 세계적으로 주목

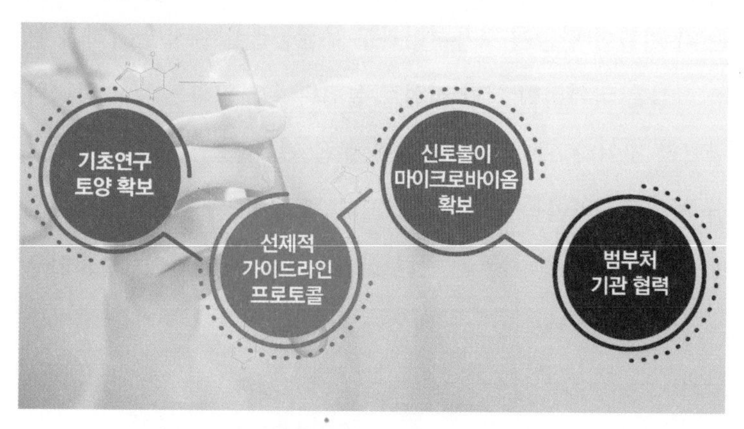

〈마이크로바이옴 기반 산업 육성을 위한 4가지 제언〉

받는 시장으로 성장할 것으로 보인다. 그렇다면 마이크로바이옴을 우리의 미래 먹거리로 삼기 위해 무엇이 준비되어야 할까? 이를 위해 뻔하지만 꼭 필요한 4가지 제언을 해본다.

기초연구 토양 확보

마이크로바이옴을 연구하고 산업화하기 위해서는 과학적인 효과에 대한 규명과 그 작용 기전을 명확히 증명해야 한다. 따라서 기초 연구가 반드시 뒷받침되어야 한다. 반복해서 말하지만 무균동물 시설은 마이크로바이옴의 기능적인 역할을 보기 위한 핵심적인 기반 시설이다. 무균동물 실험을 수행하기 위한 시설 자체는 각 기관이 만들어 사용하더라도 무균동물을 유지 공급하기 위한 시설은 국가적인 기반 시설로 설립하여 지원하는 것도 하나의 방법일 것이다. 무균동물 시설과 같은 기반 연구 시설뿐만 아니라 마이크로바이옴 관련 창의적이고 도전적인 연구와 인력양성에 대한 전폭적인 지원은 관련 산업발전에 큰 기반이 될 것이므로 당장의 성과만 따지는 태도는 버리고 기꺼이 투자를 해야만 한다.

선제적 가이드라인 & 프로토콜

앞서 언급한 미국 식품의약국의 대변이식에 대한 제재 움직임은 결국 마이크로바이옴을 기반으로 한 산업의 기본 전제가 안전성이라는 것을 보여주는 반증이다. 특히 인체에 사용되는 의약품으로 개발되는 경우 안전성이 필수적이므로 이를 위한 제도적인 뒷받침이 필요하다. 앞서 언급한 대변이식 환자의 사망은 미국도 아직 표준화된 프로토콜이나 검사 기준이 없어 이와 같은 불상사가 생긴 것이다. 우리가 선도 국가가 되기 위해서는 더 안전하고 신뢰성 있는 개발 과정을 수립하려는 노력이 필요하다. 이를 위해 마이크로바이옴 기반 치료제의 인 · 허가 가이드라인이 빨리

제시되어야 한다. 이를 통해 치료제 개발 초기부터 보다 신뢰성 있는 방식으로 연구·개발이 이루어질 수 있도록 유도할 필요가 있다.

미국은 대변이식에 대해서는 애매한 입장을 취하고 있지만, 파마바이오틱스의 경우에 대해서는 2012년 이미 파마바이오틱스와 유사한 개념인 살아 있는 바이오치료제(live biotherapeutic products)를 규정하고 이에 대한 인허가를 위한 산업계 가이드라인을 제시한 바 있으며 공청회를 통해 해당 가이드라인을 2016년 개정하였고 이후에도 지속적으로 현장의 목소리를 적극적으로 반영한다는 입장을 가지고 있다. 다행히 우리 정부도 미국에 이어 두 번째로 인·허가 가이드라인 등 법률 재·개정에 착수하였다는 소식이 있다. 최근 미국에서의 부작용 사례가 식품의약품안전처의 행보를 늦추기보다는 더 나은 가이드라인을 구축하도록 자극하는 계기가 되기를 바란다.

이에 더해 표준화에 대한 고려가 있었으면 한다. 한국표준과학연구원(KRISS) 산하 여러 센터에서 측정표준 확립 연구를 수행하고 있는데 이와 같은 공인된 국가 기관에서 국제 기준에 맞춘 마이크로바이옴 분석 방법의 표준화를 선도적으로 제시해야 하지 않을까? 추가로 대변이식술의 경우는 인체 유래조직의 이식으로 볼 수도 있기 때문에 장기이식을 관리하는 질병관리본부에

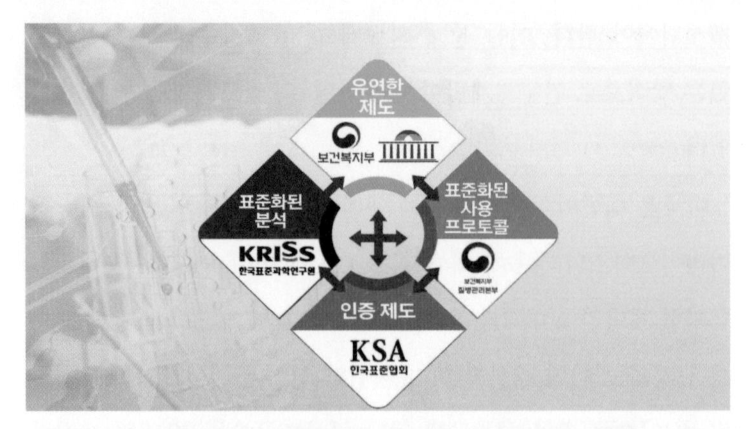

〈가이드라인, 표준화된 분석과 프로토콜, 인증제도 그리고 이들의 유기적인 연계〉

서 대변이식에 대한 표준화된 프로토콜을 제시하여 해당 시술 과정을 안전하게 관리해야 할 것이다. 이와 같은 제도와 연구에 있어서 국가적인 지원과 관심이 보다 안전하고 세계를 선도할 수 있는 마이크로바이옴 기반 치료제 개발을 가능하게 할 것이고 이를 우리의 미래의 먹거리로 키울 수 있는 기반이 될 것이다.

신토불이 마이크로바이옴 확보

다음으로 제언할 내용은 신토불이 마이크로바이옴을 확보하자는 것이다. 쉽게 말해 대변 은행을 활성화하고 이를 기반으로 한국인 고유의 미생물을 확보하고 활용하자는 것이다. 이러한 제언과 관련하여 이미 어느 정도 진행되고 있는 사업들이 있다. 전라북도 순창군은 한국전통발효문화산업지구 내에 장내유용 미생물 은행(대변 은행)을 구축하기로 하고 2018년 시설 건립을 착공하였다. 비록 국가적인 단위의 사업은 아니지만 우리나라에서 공공 대변 은행으로서 충분한 기능을 해주기를 기대해본다. 또한 앞서 언급한 바이오 · 의료기술개발사업의 과제로 진행 중인 생명공학연구원 내 '한국인 장내 마이크로바이옴 뱅크' 구축 작업은 한국인이 가지고 있는 유용한 장내 미생물을 분리 · 보관하는 것을 목표로 하고 있다. 다만 과제 규모가 크지 않아 기대만큼 잘 유용, 장내 미생물을 확보하고 보관할 수 있을지 그리고 얼마나 외부에서 잘 활용할 수 있는 공공성을 갖출 수 있을까에 대한 현실적인 우려가 있다. 운용의 묘를 발휘하여 추가적으로 국가적인 지원을 받아서라도 실질적인 한국인 고유의 장내 미생물 분양의 중심이 되길 기대해 본다.

범부처 기관 협력

마지막으로 기초 연구에 대한 지원과 관련 제도 마련을 위해서는 정부 부처 간에 긴밀한 협력이 필요하다. 뻔한 이야기일지도 모르겠다. 제도 개선이나 기반 인프라 구축 그리고 초기 마중물이 될 연구비는 정부가 지원해야 한다. 우리나라는 현실적으로 적은 연구비를 가지고 기반이 되는 시설이나 연구를 지원해야 하는 형편이라는 것은 어쩔 수 없는 측면이 있다. 우리보다 마이크로바이옴 연구에 대한 지원 규모가 어마어마한 미국도 마이크로바이옴 범정부 실무 그룹을 꾸려 중복 투자 방지와 효율성 극대화를 외치고 있다. 국가과학기술자문위원회도 좋고 과학기술정통부 산하의 기관이라도 좋다. 정부 기관 내 커다란 그림을 그리고 방향 제시와 중재를 할 수 있는 실무 그룹이 생기기를 바란다. 우리 정부가 미래 먹거리 산업이 될 수 있는 마이크로바이옴 연구와 산업화에 훌륭한 러닝 메이트가 되었으면 한다.

상식의 파괴와 블루오션

처음에 '개똥도 약에 쓰려면 없다'는 속담에 숨어 있던 사실을 소개하며 이야기를 시작했다. 고정관념을 벗어나야 새로운 세상이 보이고 그래야 레드오션에서의 복닥거림이 아닌 블루오션에서 새로운 먹거리를 찾을 수 있다. 여러 가지 사례를 통해 더럽다고만 느껴졌던 똥이라는 소재가 실제 인체에서 엄청난 역할을 한다는 사실을 소개했다. 혹자는 마이크로바이옴을 잊혀진 장기(forgotten organ)라고 한다. 그만큼 우리에게 전혀 중요성이 인지되지 못했지만 인체의 다른 장기와 마찬가지로 중요한 역할을 담당하고 있다는 것이다. 이처럼 새로운 관점으로 바라볼 필요가 있음이 증명되고 있는 마이크로바이옴 관련 시장은 분명 새로운 블루오션이 될 것이다. 앞서 소개한 바와 같이 다국적 제약사들이 엄청난 투자를 하고 있는 것만 보아도 국가 미래 성장동력으로 삼을 만한 수준으로 성장할 것임을 직감할 수 있을 것이다. 한편 마이크로바이옴은 지역별/개인별 고유성을 무시할 수 없으니 한국인 고유한 특성을 잘 살린다면 우리도 충분한 경쟁력을 가질 수 있을 것이고, 치료제 분야는 아직 시장 형성도 안 된 초기 상태이므로 바이오 분야에 대한 우리의 저력을 믿고 투자해볼 가치가 있는 분야이다. 여기서 소개한 내용들이 다가올 마이크로바이옴 시대에 대한 여러분들의 이해와 관심에 조금의 도움이 되었기를 바란다.

뚱뚱한 미생물 날씬한 미생물의 비밀

마이크로바이옴 시대

1쇄 발행일 | 2019년 11월 15일

지은이 | 김동현 · 서정희
펴낸이 | 정화숙
펴낸곳 | 개미

출판등록 | 제313－2001－61호 1992. 2. 18
주소 | (04175) 서울시 마포구 마포대로 12, B-108호(마포동, 한신빌딩)
전화 | (02)704－2546
팩스 | (02)714－2365
E-mail | lily12140@hanmail.net

ISBN 979－11－90168－02－1 03470

값 13,000원